U0172770

中国工程院重大咨询研究项目

我国煤矿安全及废弃矿井资源开发利用战略研究

袁 亮 主编

第6卷

废弃矿井水资源
开发利用战略研究

武 强 孙文洁 董东林 林 刚 编著

科学出版社

北京

内 容 简 介

本书针对我国废弃矿井地下水污染的模式及其特征进行分析与总结，系统调研了国内外废弃矿井水资源开发利用模式，摸清了我国废弃矿井水再利用限制性因素，提出了废弃矿井水开发利用战略建议，以期为我国废弃矿井水资源开发利用之路提供决策支撑。

本书可为煤田水文地质、煤炭水资源开发、能源经济与管理等领域的科技人员、大专院校师生及国家相关管理部门提供信息支持和决策参考。

图书在版编目(CIP)数据

废弃矿井水资源开发利用战略研究/武强等编著. —北京：科学出版社，2020.7

(我国煤矿安全及废弃矿井资源开发利用战略研究/袁亮主编；6)

中国工程院重大咨询研究项目

ISBN 978-7-03-065118-1

Ⅰ. ①废… Ⅱ. ①武… Ⅲ. ①矿井水–水资源开发–研究–中国 ②矿井水–水资源利用–研究–中国 Ⅳ. ①P641.8

中国版本图书馆 CIP 数据核字(2020)第 081264 号

责任编辑：刘翠娜 崔元春 / 责任校对：王萌萌
责任印制：师艳茹 / 封面设计：蓝正设计

科 学 出 版 社 出版
北京东黄城根北街 16 号
邮政编码：100717
http://www.sciencep.com

北京汇瑞嘉合文化发展有限公司 印刷
科学出版社发行 各地新华书店经销
*
2020 年 7 月第 一 版　开本：787×1092　1/16
2020 年 7 月第一次印刷　印张：9 1/2
字数：226 000

定价：160.00 元
(如有印装质量问题，我社负责调换)

中国工程院重大咨询研究项目

我国煤矿安全及废弃矿井资源开发利用战略研究

项目顾问　　李晓红　　谢克昌　　赵宪庚　　张玉卓　　黄其励
　　　　　　　苏义脑　　宋振骐　　何多慧　　罗平亚　　钱鸣高
　　　　　　　薛禹胜　　邱爱慈　　周世宁　　陈森玉　　顾金才
　　　　　　　张铁岗　　陈念念　　袁士义　　李立涅　　马永生
　　　　　　　王　安　　于俊崇　　岳光溪　　周守为　　孙龙德
　　　　　　　蔡美峰　　陈　勇　　顾大钊　　李根生　　金智新
　　　　　　　王双明　　王国法

项目负责人　袁　亮

课题负责人

课题 1　我国煤矿安全生产工程科技战略研究　　　　　　　袁　亮　康红普
课题 2　国内外废弃矿井资源开发利用现状研究　　　　　　　　　　　刘炯天
课题 3　废弃矿井煤及可再生能源开发利用战略研究　　　　　　　　　凌　文
课题 4　废弃矿井地下空间开发利用战略研究　　　　　　　　　　　　赵文智
课题 5　废弃矿井水及非常规天然气开发利用战略研究　　　　　　　　武　强
课题 6　废弃矿井生态开发及工业旅游战略研究　　　　　　　　　　　彭苏萍
课题 7　抚顺露天煤矿资源综合开发利用战略研究　　　　　　　　　　袁　亮
课题 8　项目战略建议　　　　　　　　　　　　　　　　　　　　　　袁　亮

本卷研究和撰写人员

顾　问

胡文瑞　中国石油天然气集团有限公司　　　　院士

顾大钊　国家能源投资集团有限责任公司　　　院士

王　浩　中国水利水电科学研究院　　　　　　院士

组　长

武　强　中国矿业大学(北京)　　　　　　　　院士

副组长

刘建功　冀中能源集团有限责任公司　　　　　副董事长、副总经理

董书宁　中煤科工集团西安研究院有限公司　　董事长、党委书记

成　员

孙文洁　中国矿业大学(北京)　　　　　　　　副教授

董东林　中国矿业大学(北京)　　　　　　　　教授、副院长

林　刚　中国矿业大学(北京)　　　　　　　　讲师

李　祥　中国矿业大学(北京)　　　　　　　　硕士研究生

曹成龙　中国矿业大学(北京)　　　　　　　　硕士研究生

高　钧　中国矿业大学(北京)　　　　　　　　硕士研究生

张嘉伦　中国矿业大学(北京)　　　　　　　　硕士研究生

杨文凯　中国矿业大学(北京)　　　　　　　　硕士研究生

杨　恒　中国矿业大学(北京)　　　　　　　　硕士研究生

白俊杰　中国矿业大学(北京)　　　　　　　　硕士研究生

丛书序一

煤炭是我国能源工业的基础，在未来相当长时期内，煤炭在我国一次能源供应保障中的主体地位不会改变。习近平总书记指出，在发展新能源、可再生能源的同时，还要做好煤炭这篇文章①。随着我国社会经济的快速发展和煤炭资源的持续开发，部分矿井已到达其生命周期，也有部分矿井不符合安全生产要求，或开采成本过高而亏损严重，正面临关闭或废弃。预计到2030 年，我国关闭/废弃矿井将达到 1.5 万处。直接关闭或废弃此类矿井不仅会造成资源的巨大浪费和国有资产流失，还有可能诱发后续的安全、环境等问题。据调查，目前我国已关闭/废弃矿井中赋存煤炭资源量就高达420 亿吨、非常规天然气近 5000 亿立方米、地下空间资源约为 72 亿立方米，并且还具有丰富的矿井水资源、地热资源、旅游资源等。以美国、加拿大、德国为代表的欧美国家，在废弃矿井储能及空间利用等方面开展了大量研究工作，并已成功应用于工程实践，而我国对于关闭/废弃矿井资源开发利用的研究起步较晚、基础理论研究薄弱、关键技术不成熟，开发利用程度远低于国外。因此，开展我国煤矿安全及废弃矿井资源开发利用研究迫在眉睫，且对于减少资源浪费、变废为宝具有重大的战略研究意义，同时可为关闭/废弃矿井企业提供一条转型脱困和可持续发展的战略路径，对于推动资源枯竭型城市转型发展具有十分重要的经济意义和政治意义。

中国工程院作为我国工程科学技术界最高荣誉性、咨询性学术机构，深入贯彻落实党中央和国务院的战略部署，针对我国煤矿安全及废弃矿井资源开发利用面临的问题与挑战，及时组织三十余位院士和上百名专家于2017～2019 年开展了"我国煤矿安全及废弃矿井资源开发利用战略研究"重大咨询研究项目。项目负责人袁亮院士带领项目组成员开展了系统性的深入研究，系统调研了国内外煤矿安全及废弃矿井资源开发利用现状，足迹遍布国内外主要关闭/废弃矿井；归纳总结了国内外关闭/废弃矿井资源开发利

---

① 中国共产党新闻网. 谢克昌："乌金"产业绿色转型. (2016-01-18)[2020-05-30]. http://theory.people.com.cn/n1/2016/0118/c40531-28063101.html.

用的主要途径和模式；根据我国煤矿安全发展面临的新挑战和不同废弃矿井资源禀赋条件下进行开发利用所面临的制约因素，从科技创新、产业管理等方面，提出了我国煤矿安全及废弃矿井资源开发利用的战略路径和政策建议。该项目凝聚了众多院士和专家的集体智慧，研究成果将为政府相关规划、政策制订和重大决策提供支持，具有深远的意义。

在此对各位院士和专家在项目研究过程中严谨的学术作风致以崇高的敬意，衷心感谢他们为国家能源发展付出的辛勤劳动。

李晓红

中国工程院　院长

2020 年 6 月

丛 书 序 二

煤炭是我国的主导能源,长期以来为我国经济发展和社会进步做出了重要贡献。我国资源赋存的基本特点是贫油、少气、相对富煤,煤炭的主体能源地位相当长一段时期内无法改变,仍将长期担负国家能源安全、经济持续健康发展重任。随着我国煤炭资源的持续开发,很多煤矿正面临关闭或废弃,预计到 2030 年,我国关闭/废弃矿井将到达 1.5 万处。这些关闭/废弃矿井仍赋存着多种、巨量的可利用资源,运用合理手段对其进行开发利用具有重大意义。但目前我国煤炭企业的关闭/废弃矿井资源再利用意识相对淡薄,大量矿井直接关闭或废弃,这不仅造成了资源的巨大浪费,还有可能诱发后续的安全、环境等问题。

我国关闭/废弃矿井资源开发利用存在极大挑战:首先,我国阶段性废弃矿井数量多,且煤矿地质条件极其复杂,难以照搬国外利用模式;其次,在国家层面,我国目前尚缺少废弃矿井资源开发利用整体战略;最后,我国关闭/废弃矿井资源开发利用基础理论研究薄弱、关键技术还不成熟。

目前,我国关闭/废弃矿井资源有两类开发利用模式:一类是储气库,利用关闭盐矿矿井建设地下储气库是目前比较成熟的模式,如金坛地区成功改造 3 口关闭老腔,形成近 5000 万立方米的工作气量。另一类是矿山地质公园,当前全国有超过 50 余处国家矿山公园。可见我国对关闭/废弃矿井资源开发利用的研究正在不断取得突破,但是整体处于试验阶段,仍有待深入研究。

我国政府高度关注煤矿安全和关闭/废弃矿井资源开发利用。十八大以来,习近平总书记多次强调要加强安全生产监管,分区分类加强安全监管执法,强化企业主体责任落实,牢牢守住安全生产底线,切实维护人民群众生命财产安全[①]。2017 年 12 月,习近平总书记考察徐州采煤塌陷地整治工程,指出"资源枯竭地区经济转型发展是一篇大文章,实践证明这篇文章完全可以做好"[②]。2018 年 9 月,习近平总书记来到抚顺矿业集团西露天矿,了解采煤沉

---

① 新华网. 习近平对安全生产作出重要指示强调 树牢安全发展理念 加强安全生产监管 切实维护人民群众生命财产安全. (2020-04-10) [2020-05-10]. http://www.xinhuanet.com/2020-04/10/c_1125837983.htm.
② 新华网. 城市重生的徐州逻辑——资源枯竭城市的转型之道. (2019-04-19) [2020-05-10]. http://www.xinhuanet.com/politics/2019-04/19/c_1124390726.htm.

陷区综合治理情况和矿坑综合改造利用打算时强调，开展采煤沉陷区综合治理，要本着科学的态度和精神，搞好评估论证，做好整合利用这篇大文章①。

为了深入贯彻落实党中央和国务院的战略部署，中国工程院于 2017～2019 年开展了"我国煤矿安全及废弃矿井资源开发利用战略研究"重大咨询研究项目。项目研究提出：首先，我国应把关闭/废弃矿井资源开发利用作为"能源革命"的重要支撑，推动储能及多能互补开发利用，开展军民融合合作，研究国防及相关资源利用，盘活国有资产。其次，政府尽快制定关闭/废弃矿井资源开发利用中长期规划，健全关闭/废弃矿井资源治理机制，由国家有关部门牵头，统筹做好关闭/废弃矿井资源开发利用顶层设计，建立关闭/废弃矿井资源综合协调管理机构，开展示范矿井建设，加大资金项目和财税支持力度，为关闭/废弃矿井资源开发利用营造良好发展生态。最后，还应加大关闭/废弃矿井资源开发利用国家科研项目支持力度，支持地下空间国际前沿原位测试等领域基础研究，将关闭/废弃矿井资源开发利用关键性技术攻关项目列入国家重点研发计划、能源技术重点创新领域和重点创新方向，促进国家级科研平台建立，培养高素质人才队伍，突破关键核心技术，提升关闭/废弃矿井资源开发利用科技支撑能力，助力蓝天、碧水、净土保卫战。

开展我国煤矿安全及废弃矿井资源开发利用战略研究，不仅能够构建煤矿安全保障体系，提高我国关闭/废弃矿井资源开发利用效率，而且可为我国关闭/废弃矿井企业提供一条转型脱困和可持续发展的战略路径，对于提高我国煤矿安全水平、促进能源结构调整、保障国家能源安全和经济持续健康发展具有重大意义。

中国工程院　院士

2020 年 5 月

---

① 人民网. 抚顺西露天矿综合治理与整合利用总体思路和可研报告评估论证会在京举行. (2020-05-29)[2020-05-29]. http://ln.people.com.cn/n2/2020/0529/c378318-34051917.html.

前　　言

　　煤炭资源枯竭、资源整合及淘汰落后产能导致我国大量煤矿已经或濒临关闭。煤矿关闭后，矿井水挟带井下污染物会通过采动裂隙、断层、封闭不良钻孔等通道引起地下水串层污染，因此，关闭矿井的地下水污染及资源化利用已成为废弃矿井突出的重大环境问题之一。

　　在中国工程院重大咨询研究项目"我国煤矿安全及废弃矿井资源开发利用战略研究"第 5 课题"废弃矿井水及非常规天然气开发利用战略研究"成果的支撑下，本书首先对我国废弃矿井地下水污染的模式及其特征进行了分析与总结；其次系统调研了国内外废弃矿井水资源开发利用模式，摸清了我国废弃矿井水再利用的限制性因素，并提出了废弃矿井水开发利用战略建议。具体从废弃矿井地下水污染源、污染途径、目标含水层与污染源之间的水力联系等方面进行分析，总结出我国废弃矿井污染地下水可分为废弃矿井塌陷积水入渗污染、废弃矿井地表固体废物淋溶污染、顶板导水裂隙串层污染、底板采动裂隙串层污染、封闭不良钻孔串层污染及断层或陷落柱串层污染六种模式；综述了国内外废弃矿井水资源开发利用现状，总结了国内外许多成熟的技术、经验、新理论、新工艺；并从政策法规、标准体系、发展规划等层面提出我国废弃矿井水开发利用战略建议。例如，建议实施废弃矿井水资源化利用激励政策，研究制定相关产业政策，财税政策和其他扶持政策，并完善相关法律；加快研究建立废弃矿井水利用标准体系和监督管理体系，规范废弃矿井水利用工程设计和生产过程，使废弃矿井水利用规范有序；尽快将废弃矿井水利用纳入矿区发展的总体规划中，对矿区内地下水资源进行评估。

　　本书共分为七章，第一章为绪论，介绍了废弃矿井水资源化利用的背景意义；第二章和第三章详细介绍了我国废弃矿井的生态环境问题，重点针对我国废弃矿井地下水污染风险分析评价展开论述；第四章和第五章系统总结了国内外废弃矿井水资源化利用技术现状，并阐述了国外废弃矿井水资源化利用现状及对我国的启示；第六章和第七章构建了废弃矿井水再利用优选方法体系，探索了我国废弃矿井水污染分区防治方案及资源化利用途径，并提出了我国废弃矿井水开发利用战略建议。

受时间和作者水平所限，书中难免存在不足之处，恳请读者批评指正。

中国工程院　院士

2019 年 8 月

目　　录

丛书序一

丛书序二

前言

第一章　绪论 ·· 1
　　参考文献 ··· 4

第二章　我国废弃矿井的生态环境问题 ······························· 5
　　第一节　废弃矿井对水资源的影响 ···························· 9
　　第二节　废弃矿井对土壤的影响 ······························ 14
　　第三节　废弃矿井对植被的危害 ······························ 17
　　第四节　废弃矿井对大气的危害 ······························ 20
　　第五节　废弃矿山潜在的地质灾害 ·························· 22
　　参考文献 ··· 28

第三章　我国废弃矿井地下水污染风险分析评价 ··············· 29
　　第一节　我国矿井水污染特征分析 ·························· 31
　　第二节　废弃矿井地下水污染模式研究 ·················· 41
　　第三节　废弃矿井地下水污染风险评价模式 ·········· 45
　　参考文献 ··· 46

第四章　我国废弃矿井水资源化利用技术现状 ··················· 51
　　第一节　洁净矿井水处理技术 ·································· 53
　　第二节　含悬浮物矿井水处理技术 ·························· 53
　　第三节　高矿化度矿井水处理技术 ·························· 59
　　第四节　酸性矿井水处理技术 ·································· 65
　　第五节　含毒害物矿井水处理技术 ·························· 72
　　参考文献 ··· 81

第五章　国外废弃矿井水资源化利用现状及对我国的启示 ·· 83
　　第一节　国外废弃矿井水资源化利用现状 ·············· 85
　　第二节　国外废弃矿井水资源化利用技术对我国的启示 ·· 96
　　参考文献 ··· 101

第六章　废弃矿井水再利用优选方法体系 ·························· 103
　　第一节　废弃矿井水再利用方法 ······························ 106

第二节　确定废弃矿井水再利用方法的影响因素 …………………………… 114

第三节　废弃矿井水再利用方法体系的建立 ………………………………… 116

第四节　废弃矿井水利用优选方案模型构建 ………………………………… 119

参考文献 ……………………………………………………………………… 123

第七章　我国废弃矿井水污染分区防治及资源化利用战略对策 …………… 125

第一节　矿井水污染的分区防治 ……………………………………………… 127

第二节　矿井水资源化利用战略政策建议 …………………………………… 137

第一章

绪　论

建设生态文明，关系人民福祉，关乎民族未来[1]。生态环境是关系党的使命宗旨的重大政治问题，也是关系民生的重大社会问题[2]。随着我国社会主要矛盾转化为人民日益增长的美好生活需要和不平衡不充分的发展之间的矛盾[3]，人民群众对优美生态环境的需要已经成为这一矛盾的重要方面，广大人民群众热切期盼加快提高生态环境质量，全国掀起了加快生态文明体制改革、建设美丽中国的热潮[4]。同时，建设生态文明是中华民族永续发展的千年大计。必须树立和践行绿水青山就是金山银山的理念，坚持节约资源和保护环境的基本国策，像对待生命一样对待生态环境，统筹山水林田湖草系统治理，实行最严格的生态环境保护制度，形成绿色发展方式和生活方式，坚定走生产发展、生活富裕、生态良好的文明发展道路，建设美丽中国，为人民创造良好的生产生活环境，为全球生态安全做出贡献。因此，加快生态文明建设是我国目前要解决的关键问题。

水是生态系统中重要的组成部分，对水资源的治理与保护是生态文明建设的关键问题。我国水资源量巨大，淡水资源量位居世界第四，但是我国人口数量巨大，人均水资源量很少，是全球水资源贫乏的主要国家之一[5]。我国又处在一个快速发展的时期，水资源污染现象特别严重，使得本就贫乏的水资源面临着更加残酷的现实。而水资源又是我国社会进步、经济发展、居民生活及生态环境建设所必需的一个重要因素，因此加强对水资源的治理是我国当前面临的一个重要问题。水资源又分为常规水资源和非常规水资源两大类[6]，常规水资源是指可以直接利用的水资源，非常规水资源是指加以处理后可以代替常规水资源供社会利用的水资源。我国常规水资源量比较贫乏，因此，开采利用各种非常规水资源、使有限的水资源发挥出更大效用是解决我国水资源问题的关键。

非常规水资源包括雨水、苦咸水、海水、矿井水等[7]。我国是一个煤炭大国，煤炭的开采量巨大，矿山数量众多，而在煤炭开采过程中势必会造成矿井涌水，因此，矿井水在非常规水资源中占有重要地位。对于矿井水的治理与利用可以有效缓解我国严峻的水资源形势。由于煤炭资源枯竭、资源整合及淘汰落后产能等因素，我国大量煤矿已经关闭或濒临关闭[8]，在这些已经关闭或者废弃的矿井中，地下水停止排放，改变了地下水原有的水动力条件，地下水位不断上涨[9]，矿井水挟带井下污染物会与地下水造成串层污染[10]，对地下水环境造成巨大的影响。地下水污染已成为废弃矿井突出的环境问题之一。废弃矿井水会造成不同程度的水资源、土壤及植被等的污染，还会间接威胁居民的生命健康。因此，对废弃矿井水的治理不仅可以保护我国的生态环境，还可以为社会发展提供更多可以利用的水资源，具有社会、经济和环保三重效益。因此，对废弃矿井水的资源化利用是我国亟待解决的重要问题。

本书主要分析了国内外对废弃矿井水资源化利用的现状，总结了其优秀的经验和方法，然后根据我国废弃矿井水的实际情况和废弃矿山的水文地质条件，利用鱼骨图分析法及 Access 数据库建立了一套废弃矿井水再利用优选方法体系，并提出了我国废弃矿井水污染分区防治及资源化利用的战略对策，对不同区域的废弃矿井水的利用方法及利用目标提出了符合区域特点的规划。

参 考 文 献

[1] 人民网. 建设生态文明关系人民福祉关乎民族未来. (2016-10-13)[2019-04-29]. http://henan.people. com.cn/n2/2016/1013/ c351638-29135446-2.html.

[2] 郭林涛. 生态环境是关系民生的重大社会问题. (2018-06-21)[2019-04-29]. http://www.sohu.com/a/ 236999360_100117412.

[3] 人民日报. 我国社会主要矛盾已经转化为人民日益增长的美好生活需要和不平衡不充分的发展之间的矛盾. (2017-11-01)[2019-04-29]. http://news.huanbohainews.com.cn/system/2017/11/01/011768436.shtml.

[4] 中国文明网. 加快生态文明体制改革 建设美丽中国. (2017-11-03)[2019-04-29]. http://hnyy.wenming. cn/plwz/201711/ t20171103_4851709.htm.

[5] 邵炜. 基于 CGE 模型的水资源税问题研究. 上海: 上海海关学院, 2017.

[6] 吕素冰, 王文川. 区域水资源利用效益核算理论与应用. 北京: 中国水利水电出版社, 2015.

[7] 张敏. 关于加快推进非常规水源利用的可行性分析. 黑龙江水利科技, 2015, 43(11): 29-31.

[8] 李庭, 冯启言, 周来, 等. 国外闭矿环保政策及对我国的启示. 中国煤炭, 2013, 39(12): 128-132.

[9] 戚鹏, 尚煜. 废弃矿井的生态环境问题及治理对策. 生态经济, 2015, 31(7): 136-139.

[10] 李庭. 废弃矿井地下水污染风险评价研究. 徐州: 中国矿业大学, 2014.

第二章

我国废弃矿井的生态环境问题

我国是一个资源大国，对矿产资源的开采活动一直居于世界前列。由于长时间大面积开采，在漫长的地质年代中形成的原始地层结构，水、气循环系统与生态环境系统遭到严重破坏和改变[1]，地面出现大面积塌陷和破坏区，矿区地下水资源枯竭，大气、水源受到严重的污染。一般来说，采矿活动留下的废弃的土地都是已经退化的土地，无法继续使用，并且富含大量矿业活动产生的固体废弃物，其造成的环境污染是全世界都在关注的焦点问题。矿山造成的环境污染不仅仅局限于矿山范围内，采矿活动使得矿区不同类型的含水层之间产生了一定的水力联系，当矿井关闭或者废弃以后，矿井水位会快速回弹，矿井水会挟带各种井下污染物质沿着矿井中的通道与地下水进行串层污染，并且会随着地下水的流动，不断地扩大污染范围。在某些矿区，矿井水会破坏矿区的土壤、植被及地貌等，从而破坏矿区的水文下垫面，造成矿区周围水土流失、水位下降、地面干裂等。同时，矿井水流入湖泊、河流等水体中，会使许多生物死亡，破坏生物的多样性，影响生态系统的平衡。废弃矿井水对水资源、植被、土壤等会造成很大的影响。

不同类型的矿山对环境的污染程度是不一样的。不同类型的矿山所含的矿物成分是不一样的，因而被开采的矿物成分也就不一样，开采后对环境造成的影响也肯定会有差别。重金属矿山的开采、冶炼及尾矿排放对环境的影响就远远大于非金属矿山开采活动对环境的影响，重金属对环境的影响是长期的、慢性的、不易被发觉的并且是难以治理的。如图 2-1 所示，受重金属污染的河流呈现黄红色，并且都流向了农田。非金属矿山的开采，如

图 2-1　重金属污染

图片来源：图片故事. 重金属污染下的村庄. (2015-01-23) [2019-04-23].
http://photos.caixin.com/2015-01-23/100777548_2.html

煤矿的开采造成的大面积地面塌陷或者地面破坏可以通过生态方法进行治理恢复。而且即使是同一种类型的矿山，由于开采方式的不同，对环境的影响程度也会有差别，如露天开采对土地资源的破坏、自然景观的破坏、对空气和水资源的污染比地下开采对其造成的影响要大得多，图 2-2 为以露天开采方式进行开采的矿山，图 2-3 为以地下开采方式进行开采的矿山。

图 2-2　露天开采方式进行开采的矿山

图片来源：格林 Sofar 旅行. 挖掘上百年的西露天矿，矿底竟然是中国大陆最深处，如今沦为景点. (2018-09-13) [2019-04-23].
http://k.sina.com.cn/article_6535720006_1858f2c4600100avax.html

图 2-3　地下开采方式进行开采的矿山

图片来源：金属矿床地下开采探索. (2017-04-25) [2019-04-23].
https://max.book118.com/html/2017/0424/102141854.shtm

第一节　废弃矿井对水资源的影响

一、重金属离子对水资源的影响

我国是一个煤炭开采大国，煤炭的开采量十分巨大，但是由于采煤技术的限制，再加上有的煤质不好，煤矸石堆积如山[2]，在矿区形成酸性矿井水。在酸性矿井水中，重金属离子的含量较多，不仅会腐蚀流经区域的岩石、管道及金属设施，而且大量的重金属离子会对水资源造成严重的危害。废弃矿井水进入地下水后不仅会破坏地下水的水质，而且随着地下水的运动会进入湖泊、河流等地表水体中，污染地表水体的水质，提高水体的浊度，破坏水体的自净能力，污染人类生活所必需的水资源。酸性矿井水进入地表水体中，会使地表水的 pH 变小，使水体呈现酸性，对水中的微生物及其他水生生物的生长发育会有抑制作用，当 pH 小于 4 时，鱼类会死亡，会破坏水体原有的生态系统。酸性矿井水中的重金属是典型的无机有毒物质，重金属在水中是不能被降解的，一般会以不同价态的离子形态随着矿井水进入地表水或者地下水中，在水、底质与生物之间不断地迁移转化[3]，某些微生物还可以将一些重金属离子转化为金属有机化合物，会产生更大的毒性。这些重金属离子在水中分散或者富集，当它们在水体中积累到一定程度时，就会对水体中的动植物产生严重的危害，随着时间的推移，越来越多的重金属离子在生物体内积累，当达到一定的数量以后，生物就会出现受害的症状，生理受阻，发育停滞，甚至死亡，并使整个水生生态系统结构和功能受损、崩溃[3]，破坏水体的生态系统及生物的多样性。水中的鱼类等食物或者被污染水源流经的土地上生长的农作物中，均会有大量重金属离子富集，它们被人类食用后会进入人的身体中，对人的身体健康造成严重的危害。下面介绍主要的几种重金属离子对水资源和人体的危害。

汞是重金属污染中毒性最大的元素，图 2-4 展示的是受汞元素污染的水资源[4]。汞进入水体以后，由于水体中有大量的微生物，在微生物的作用下可以将无机汞转化为甲基汞，而甲基汞又是有机汞中毒性最大的一种，甲基汞可以通过生物的蓄积作用在水生生物的体内大量积累，然后通过食物链进入人的身体中。进入人的身体中的甲基汞会与体内的各种酶结合，抑制酶的活性，从而使细胞的正常功能受阻[4]。甲基汞进入人的身体后，被人的肠道吸收并输送到身体的各个器官，尤其是肝和肾，其中有 15%会富集在人的大脑皮层和小脑中，进而引发运动失调、肢端感觉障碍等临床反应，日积月累会逐渐使人的中枢神经系统失去作用，甲基汞所致的脑损伤是不可逆的，迄今尚无有效的疗法，最终将导致死亡。

图 2-4　受汞元素污染的水资源
图片来源：新浪中心. 世界首个针对汞中毒的公约生效. (2017-08-17) [2019-04-24].
http://news.sina.com.cn/o/2017-08-17-doc-ifykcirz2392397.shtml

矿井水中通常还会含有大量的镉离子，镉是一种呈灰白色、对人体有严重危害的重金属。当矿井水挟带大量的镉离子进入地下水及地表水系中时，镉显著的富集作用会使地表水系中的水生动物体内出现大量的镉元素富集，镉元素会改变渔业资源生物对捕食者的回避行为，影响其正常的生存繁殖活动，导致其存活率和增长率大幅度下降，进而引起渔业的衰退，图 2-5 为受镉元素污染的河流。另外，水生动物中的镉元素也会通过食物链富集在人的体内，进入体内的镉元素会形成镉硫蛋白，然后通过血液运输到身体各处，并在肝肾等器官中富集，影响肝肾系统中酶的正常功能。镉还可以取代骨骼中的部分钙，引起骨骼疏松软化进而产生痉挛，严重者会引起自然骨折[4]。慢性镉中毒主要影响肾脏，其中日本的水俣病最为典型，是日本著名的公害病，图 2-6 为水俣病患者的手，慢性镉中毒还有可能引起贫血。

图 2-5　受镉元素污染的河流

图片来源：沁尔康. 直击：被癌症侵蚀的村庄与生命. (2015-01-17) [2019-04-24].

http://www.cikon.com.cn/html/hot/816.html

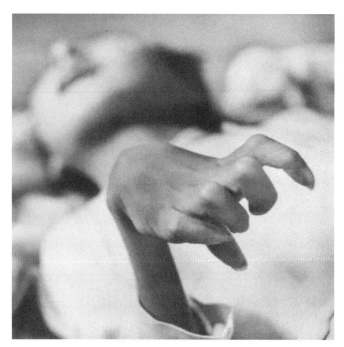

图 2-6　水俣病患者的手

图片来源：加米亿家. 禾下乘凉梦，归来非少年. (2017-12-06) [2019-04-24].

http://www.sohu.com/a/208744404_100058597

　　铬是人体必需的微量元素，通常以六价或者三价的形式存在，其中三价的铬几乎不会对人体造成伤害，但是六价铬对人体来说具有巨大的危害，而矿井水中铬元素大多数以六价的形态存在,工业废水排放标准中六价铬为第一类污染物,其水平必须低于 0.5mg/L,图 2-7 为受铬元素污染的河流。六价铬容易被人体消化、吸收后在体内积累,进入体内的铬积存于人体组织中,人体对铬元素的代谢和自我清除速度是非常缓慢的,经呼吸道侵入人体时,开始侵害上呼吸道,引起鼻炎、咽炎、喉炎、支气管炎。长期大量地摄入六价铬会引起打喷嚏、鼻黏膜刺激、鼻出血等症状,严重者甚至会损伤肝肾等重要器官,还会出现胃溃疡、肌肉痉挛等症状。

图 2-7　受铬元素污染的河流

图片来源:恒谦教育. 云南铬污染. (2011-08-17) [2019-04-24].
http://www.hengqian.com/html/2011/8-17/a16594070515.shtml

铅作为一种对人体危害极大的有毒重金属,在矿井水中的含量很高,受矿井水污染的水系都含有大量的铅元素,图 2-8 为受铅元素污染的河流。铅是一种对人体危害极大的有毒重金属,因此大量的铅元素进入人体后将对人体的神经、造血、消化等各种生理系统造成严重的危害,若摄入含量过高则会引起铅中毒。铅及其化合物通过食物链进入人体后,少部分会随着身体代谢排出体外,其余大部分都会在体内沉积。铅元素会影响人的神经系统、消化系统、生殖系统,甚至会影响造血干细胞的造血功能,大量摄入铅元素会使人出现头晕、乏力、眩晕、贫血、免疫力低下、腹痛、便秘、肢体酸痛、月经不调等症状。铅元素进入儿童的身体中则会使儿童的智力和身体发育受到严重的影响,会使其智力低下或者终身残疾。

图 2-8　受铅元素污染的河流

图片来源：湖南日报. 济源："血铅超标"处置暴露标准"错位". (2010-03-25)[2019-04-23].

http://hnrb.voc.com.cn/hnrb_epaper/html/2010-03/25/content_187873.htm

二、有机污染物对水资源的污染

煤矿开采过程中，矿井水中的废水主要来自煤的间接液化，包括煤气化和气体合成。气体合成的主要污染物是产品分离过程产生的废水，主要有醇、酸、酮、醛等有机氧化物。水体受这些有机氧化物的污染，会使蛋白质变性或者沉淀，对生物细胞有直接损害。

矿井水中一般还会富含较多的氮、磷等有机物质，矿井水进入地表水体中，会使水体产生富营养化，降低水的透明度，阳光难以穿透水层，使得水下的植物无法进行光合作用，水中的溶解氧就会达到过饱和状态，这些有机物质在水中又会进行生物氧化分解，大量消耗水中的氧气，当水中的溶解氧耗尽时氧化作用停止，有机物会发生厌氧发酵，散发出恶臭，还会使得水中的鱼类等多种生物大量死亡。同时水体富营养化会使得蓝藻、绿藻、硅藻等大量繁殖，使水体呈现绿色或者蓝色，出现水华（water bloom）现象，如图 2-9 所示。水华是指淡水水体中藻类大量繁殖的一种自然生态现象，是水体富营养化的一种特征，污染源主要来自生活及工农业生产中含有大量氮、磷的废污水。底层堆积的物质及大量的藻类物质分解会产生有害气体及一些有毒物质，不仅会伤害水中的鱼类等生物，而且会产生许多致癌物质，对人体的生命健康造成巨大的威胁。蓝藻的次生代谢产物——微囊藻毒素（MC）通过干扰脂肪代谢引起非酒精性脂肪肝[5]。人体长期慢性 MC 染毒可导致肝脏损伤[6]，具有促癌作用。此外，MC 还可使胆囊变硬与萎缩。因此，日益严重的蓝藻水华所产生的 MC 对人类健康和生存的威胁正在不断扩大[7]。

图 2-9　水华现象

图片来源：搜狐. 武汉东湖蓝藻水华大爆发（高清组图）. (2012-08-21)[2019-04-24].
http://roll.sohu.com/20120821/n351162134.shtml

第二节　废弃矿井对土壤的影响

矿井水进入地表水以后具有极强的流动性，随着地表水的流动，矿井水中的重金属离子和有机物质将在沿途土壤中不断积累,日积月累将严重影响流经地区的土质。土壤受到危害后,在一段时间后才能显现出来,然后通过农作物等间接方式作用于人体,对人体的危害很难在短期内发现,其危害大多是不可逆转的。废弃矿山对土壤的危害一般有以下几个特点:

(1)污染能力强。矿井水长期流经的地区,受到矿井水中有毒有害物质的长期积累,土壤受到污染的程度随着时间的推移不断加重。如果不及时加以治理,该地区最终将变成一片荒地。

(2)污染范围广。矿井水汇入地表水后,具有极强的流动性,尤其是汇入河流后,会随着河流流向更远的地方,将污染途径地区的土壤。

(3)污染隐蔽,危害大。土壤受到污染是不易被人察觉的,即使污染物进入农作物中通过食物链进入人的身体也需要经过一段时间的积累才能被觉察,而被发现以后往往已造成了不可挽回的危害,是居民身体健康的极大威胁。

(4)治理难度大,所需费用高。重金属进入土壤中以后,由于土壤中缺乏能够降解和吸收重金属的微生物,土壤中的重金属会随着时间的推移不断积累。目前比较有效的治理方法是用沸石吸附重金属离子,但是其治理费用十分昂贵[4]。

一、重金属离子对土壤的危害

矿井水中的重金属离子进入土壤中一般会以三种形态存在:可吸收态、交换态、难吸收态[4]。三种状态的重金属离子之间是可以相互转化的,可以保持动态平衡。土壤中重金属含量升高会对生物固氮作用产生抑制作用,而生物固氮作用是豆类植物所必需的,所以这会导致豆类植物的产量明显降低。另外,土壤中重金属离子含量上升会导致土壤中微生物含量下降,这也会对生物固氮作用产生不利的影响。某些重金属元素,如砷、镉、铅等还会降低土壤中生物酶的活性,抑制植物的生长。土壤中的重金属元素会被植物的根系吸收,然后通过食物链间接地作用于人类,危害人的健康。例如,对德国某矿山附近的土壤进行检测,该地区由于存在大量矿渣,土壤受到了严重的污染,在该地区土壤中生长的植物体内重金属的含量严重超标,锌的含量为正常含量的24～82倍,铅的含量为正常含量的75～270倍,铜的含量为正常含量的20～60倍。在受重金属污染的土壤中种植蔬菜会导致其吸收过量的重金属元素，抑制植物中酶的生长和活性，从而抑制植物生长，降低产量，严重时甚至会导致植物死亡，使农田变成荒地，如图 2-10 所示。

图 2-10　受重金属污染的土地

图片来源：索寒雪. 《土壤污染防治法》进入起草阶段　涵盖重金属污染. (2016-06-18)[2019-04-25].
https://www.thepaper.cn/newsDetail_forward_1485653

土壤作为生产活动的载体，矿井水流经土壤后，会使土壤中的有毒有害元素的含量超过一般土壤中的含量。土壤中的重金属往往不会降解和消失，只能不断地积累或者迁移，并且随着有毒有害物质的不断累积，逐渐被农作物吸收，使农作物减产、死亡，甚至将有毒有害物质转移到农作物中去，给社会及居民都会带来极大的负面作用。

二、有机污染物对土壤的危害

人们对有机物污染土壤的严重性和危害性的认识严重不足，主要是因为土壤有一定的"自我净化"能力，土壤可以通过稀释和扩散作用降低有机污染物在土壤中的浓度，有机污染物也有可能被土壤中的微生物降解，所以土壤受污染的程度可以大幅度降低，因此，人们认为有机污染物对土壤的污染是微不足道的。但是，土壤的自净能力是有限度的，一旦超过这个限度，土壤就不能靠自身净化掉有机污染物，将会破坏土壤的生态系统，对土壤造成严重的危害。而且，土壤的自净化速度是非常缓慢的，一旦被污染以后，只靠土壤的自净化来恢复所需要的时间可能要达上千年，所以需要重视对土壤污染的治理。

土壤受有机污染物污染主要有以下特点：①累积性和地域性。有机污染物刚进入土壤中时是不易被察觉的，主要是吸附在土壤颗粒上，并且以极其缓慢的速度进行挥发，对土壤的污染是随时间逐渐累积的，人们很难发现。但随着时间的流逝，土壤中的有机污染物释放得越来越多，日积月累，一旦到被发现的时候，说明土壤已经被严重污染。有机污染物对土壤的危害也与土壤的性质有关，不同地区有不同类型的土壤，其对有机污染物吸收和降解的程度也不一样，所以不同地域的土壤受污染的程度也不一样。②隐蔽性与滞后性。由于土壤的自净能力，土壤被有机物污染是不易被发觉的，即便通过食物链进入人体中也需要经过一定时间的积累才能显现出来。

由于土壤中的有机物不容易被降解，在土壤中积聚，会堵塞土壤之间的孔隙，还有可能对微生物分解其他对土壤有利的有机物起到阻碍作用。另外，土壤中的水溶性有机污染物还有可能渗透到地下，污染地下水源。土壤富集的污染物可以被植物吸收，然后通过食物链进入人体内，对人体造成巨大的危害。据统计，我国受到有机物污染的土地已经高达千万公顷，如果不加以控制和进行有效治理，将会严重威胁我国的生态环境、人类健康和社会的可持续发展[4]。

第三节 废弃矿井对植被的危害

一、土壤酸碱度对植被的影响

废弃矿井周围的土壤长期受到矿井水的危害，土壤的酸碱度也会发生改变。当矿井水呈现酸性时，经常受到矿井水影响的土壤的酸度也会越来越大；当矿井水呈现碱性时，经常受到矿井水影响的土壤的碱度也会越来越大。当土壤 pH 为 6～7 时，土壤养分的有效性最高，最有利于植物的吸收。若土壤酸性过强，则会破坏植物的原生质，使其失去效用，并且会影响酶的吸收。此外，在酸性土壤中也容易引起土壤缺失磷、钙、钾、镁等利于植物生长发育的元素。当植物中钾元素含量较低时，植株会比较矮小，叶片会出现褐色的斑，如图 2-11 所示；当植物中的钙元素低于正常含量时，会导致叶片前端部分弯曲黄白化，叶缘皱褶，或分泌黏液，严重时会导致幼叶叶缘皱卷、枯死[8]；当植物中含有较少的镁元素时，会影响植物叶绿素的合成，导致叶片枯黄，严重时仅叶基部叶脉留有少量的叶绿素；当植物中缺少磷元素时，叶片的颜色会偏深，呈现深绿或者蓝绿色，而且会延缓植物成熟的时间，同时叶柄、叶片上会发生坏疽斑点[8]。当土壤呈现较强的碱性时，会使植物细胞中的原生质被溶解，破坏植物的组织，同时也容易引起植物中铁、硼、铜、锌和锰等营养元素的缺失，这些营养元素的主要作用是促进叶片的发育，当它们含量较低时，首先受到影响的就是叶片。铁元素缺失，会使叶片呈现黄白色；硼元素缺失，植物的幼叶会发生畸变，叶片的畸形会进一步导致植物根、茎、果实发育不良；铜元素缺失会使嫩叶呈卷缩状态；锌元素缺失也是通过影响叶片的生长发育来影响植物的，但是对不同的植物会造成不同的影响。土壤的酸碱度还可以通过影响微生物的活动来影响植物的生长，如豆科与兰科植物要与某些细菌共生，土壤酸碱度对细菌的影响直接影响这些植物的生存。

图 2-11　缺钾元素的植物叶片

图片来源：西甜瓜种植联盟. 拒绝黄叶！今天我们说说甜瓜缺素那些事儿. (2017-06-05)[2019-04-25].
http://www.sohu.com/a/146089556_277056

二、重金属对植被的影响

由上一小节可知，矿井周围的土壤中会积累大量的重金属元素。一般来说，植物的生长不需要重金属元素，大部分重金属元素对于植物来说都是有毒有害的。当土壤中的重金属离子超过土壤对其的净化能力时，就会对植物的生长发育及代谢产生巨大的影响。重金属元素汞、铅、镉、铬对植物的影响显著，图 2-12 为铬污染的稻米。重金属元素会破坏植物细胞膜的通透性，使细胞膜的通透性增大,使细胞膜内外物质的交换发生变化,破坏原有的物质交换平衡,影响植物的正常生长发育,甚至使其死亡;重金属元素通过影响酶和叶绿体的活性来影响植物的光合作用的进行,阻碍植物正常的生长发育;重金属元素也可以使植物的呼吸作用混乱;重金属元素还会对植物细胞的遗传产生影响,改变其遗传基因,使其发生突变。

图 2-12　铬污染的稻米

图片来源:镉污染过的稻米. (2013-10-29) [2019-04-25].
http://www.51wendang.com/doc/bb90f0e5acd51002c0191856/16

　　植物体内重金属含量过高对植物的影响主要表现在对植物形态和生理作用的改变。例如,汞元素是可以被植物吸收并且可以在植物体内积累的,它会抑制植物的生长和植物体内叶绿素的产生,会导致植物的叶子枯黄,还会扰乱细胞的生理过程,使植物代谢过程发生紊乱,后果严重时将会加速植物的衰老甚至导致植物死亡。镉元素作为影响植物生长的有毒元素之一,主要是影响植物体内叶绿素的结构,土壤中镉含量过高会破坏叶绿素原有的结构,正常的叶绿素含量减少,叶片的颜色就会呈现黄色,严重时植物整体叶片的颜色均呈现黄色,没有绿色的叶片,也会使得叶脉组织受到影响,导致叶片变脆、萎缩。当植物吸收了大量的铅元素以后,会在植物体内逐渐积累,当超过一定的限度时就会对土壤结构造成破坏,抑制植物正常的生长发育,降低根细胞有丝分裂的速度,使植物生长缓慢;铅的积累也会通过破坏活性氧化代谢酶系统来影响细胞的代谢作用。

　　印度的 Sarma[9]对煤矿开采对植被的破坏进行研究后发现,煤矿开采会导致开采区附近的植被种类减少,并且会影响生物的多样性,会加快开放式森林区域转化为无林区域的速度，从而造成森林面积的减少和森林密度的降低。如图 2-13 所示，在矿山开采后，矿山的植被很难再恢复。并且长期的开采活动还会造成一定的地质灾害，有可能会导致水土流失等现象发生，更进一步会对植被造成破坏。此外，在采煤过程中会堆积大量的煤矸石，占用了大量的耕地面积，并且煤矸石中含有大量的有毒有害的重金属元素，污染土壤，影响植被的生长发育。

图 2-13　采矿对植被的破坏

图片来源：土石山川 12. 采矿——环境的杀手. (2009-06-29) [2019-04-25].
http://blog.sina.cn/dpool/blog/s/blog_5c93d3d20100djt9.html?vt=4

第四节　废弃矿井对大气的危害

在采矿过程中，无法避免要用炸药将一些坚硬的岩石炸开，将岩石炸开的同时会产生大量的岩石碎屑和岩石粉尘，如图 2-14 所示。采矿过程中经常会使用钻机进行钻孔工作，钻机钻孔的过程中也会产生大量的粉尘。另外，由于矿区的地面上有大量的粉尘，有车辆经过时，车辆速度较快，会将这些粉尘扬到空中。如图 2-15 所示，这些粉尘会一直污染矿区周围的空气，并且如果遇到刮风天气，风会将粉尘吹向更远的地方，扩大对空气的污染范围。另外，矿山开采过程中造成的粉尘，如煤尘、硫化尘等在一定条件下会燃烧或者发生爆炸，造成严重的危害。当矿山附近空气中飘浮的粉尘中二氧化硅浓度超过一定值时，矿工的身体健康就可能受到影响，严重时还会导致职业病，如尘肺病、煤肺病等。

图 2-14　矿区爆破

图片来源：朱骏. 矿山"云雾". (2011-03-25) [2019-04-25].

http://weibo.kpkpw.com/space.php?do=activity&albumid=59859&id=77

图 2-15　矿区周围的粉尘污染

图片来源：土石山川 12. 采矿——环境的杀手. (2009-06-29) [2019-04-25].

http://blog.sina.cn/dpool/blog/s/blog_5c93d3d20100djt9.html?vt=4

采矿过程中还会堆积大量的煤矸石，如图 2-16 所示，经过长时间的日晒雨淋，煤矸石会发生风化或者粉碎成粉尘，污染空气。另外，由于煤矸石内含有残煤、碳质泥岩和废木材等可燃物[10]，露天堆积的煤矸石会逐渐积聚热量，当达到一定限度时，会发生自燃，然后释放出大量的一氧化碳、二氧化碳、二氧化硫、硫化氢等有毒有害气体，不但会对矿区的大气造成污染，还会影响矿区周围居民的身体健康。

图 2-16   矿区周围堆积的煤矸石

图片来源: 清风网. 山西晋阳: 洗煤厂不苫盖 煤矸石山上倒 国家卫生城遭质疑. (2017-08-18) [2019-04-25].
http://qfxww.com.cn/news/jingjiyufa/14286.html

矿区周围还会伴生大量的重金属。现在人们对于重金属的加工、冶炼等非常重视，对这些重金属的开发利用过程会使得一部分重金属逸散到大气中，当重金属进入大气后，会在氧气的作用下形成一氧化碳、氮氧化合物等有毒气体，对周围居民的身体健康造成严重的危害。此外，随着空气流动，相关物质间接性排放到大气环境中，加剧温室效应，使生态环境进一步恶化。

第五节   废弃矿山潜在的地质灾害

废弃矿山的地质灾害是指在矿床开采活动中，因大量采掘，井巷破坏、岩土体变形及矿区地质、水文地质条件与自然环境发生严重变化，危害人类生命财产安全，破坏采矿工程设备和矿区资源环境的灾害。对于废弃矿井来说，由于已经被废弃，会缺少专业的管理，并且没有人去治理，任由采矿留下的采空区、岩石等自由发展运动，这就导致废弃矿山发生各种地质灾害的可能性更大。在过去的 60 年间，我国一共发生了 12000 多起矿井地质灾害，使 6000 多人失去宝贵的生命，造成了高达 350 多亿元的经济损失。废弃矿井存在的地质灾害主要有滑坡、泥石流、地面塌陷及矿山崩塌等。下面介绍几种主要的矿山地质灾害。

1. 滑坡

滑坡是指斜坡上的土体或者岩体，受河流冲刷、地下水活动、雨水浸泡、地震及人工切坡等因素影响,在重力作用下,沿着一定的软弱面或者软弱带,整体或者分散地顺坡向下滑动的自然现象[11],图 2-17 为贵州某矿山发生的滑坡灾害。

图 2-17　贵州某矿山发生的滑坡灾害
图片来源:中新网. 贵州长顺山体滑坡事故已救出 6 人. (2011-12-11) [2019-04-25].
http://www.chinanews.com/tp/hd2011/2011/12-11/79198.shtml

矿山滑坡的发生主要分为三个阶段,第一阶段是各种导致滑坡发生的不稳定因素的累积阶段。该阶段矿山上的岩土体受采矿活动或者受采矿过程中爆破的影响产生各种节理或者裂隙,使岩石体破裂或者碎裂成许多小块岩石,奠定了矿山发生滑坡的基础。第二阶段是发生滑坡的岩体在重力作用下脱离母岩向下发生剧烈而快速的崩落,然后在坡麓处堆积。第三阶段是滑坡后的恢复阶段。该阶段山坡上的岩土体会重新恢复到新的应力平衡状态,然后为下一次的滑坡做准备,如此周期性变化。

滑坡的发生会受多种因素的影响。首先,滑坡受降雨的影响较大,雨季发生滑坡的可能性比旱季要高得多。其次,滑坡发生还与岩石的破碎程度有关,岩石越破碎越容易发生滑坡灾害。再次,就是采矿过程中的人为影响。开采活动影响了坡脚,破坏了山坡上岩土体的应力平衡状态,导致应力重新分配。岩体产生裂隙,可能会导致岩土体失稳而发生滑坡。目前,我国矿山发生的滑坡大多是由违反开采规定,不按正常的开采顺序,只顾追求经济效益,乱挖滥采造成的。

2. 泥石流

泥石流是指在山区或者其他沟谷深壑、地形险峻的地区,因为暴雨、暴雪或其他自然灾害引发山体滑坡并挟带大量泥沙及石块的特殊洪流，如图 2-18 所示。矿山泥石流属于泥石流的一种特殊情况，是人们在开采矿产资源的过程中，对地形和地表的植被造成了严重的破坏，并且破坏了山坡上岩土体的应力平衡状态、在矿山随意堆放废石渣等一系列人为操作引起的人工泥石流。

图 2-18　山区中的泥石流

图片来源：星光投影. 森林中的泥石流. (2016-06-10) [2019-04-25].
https://www.tooopen.com/view/1178919.html

泥石流的发生常常是突然的、来势凶猛的，并且泥石流发生过程中一般会伴随着洪水、滑坡或者崩塌等地质灾害，因此其造成的危害比单一的洪水、滑坡和崩塌造成的危害要大得多。矿山泥石流的发生不仅仅会冲毁矿山的采矿设备，而且会冲向城镇、村庄，冲毁公路、工厂、房屋、农田，造成大量的人员伤亡和经济损失，而且可能会引发火灾、爆炸等一系列突发性事故，是山区最严重的地质灾害。图 2-19 为遭泥石流冲毁的村庄。

泥石流的发生需要一定的地形地貌条件，而矿山为其提供了有利的地形地貌条件。相对高差是泥石流形成的关键因素，因为相对高差的大小决定了泥石流发生的势能的大小，相对高差越大，势能越大，形成泥石流的动力条件越充足[11]。而矿山一般都是较为陡峭、沟壑纵横的，具有较大的相对高差。另外，矿山大量堆积采矿废石，使山坡更为陡峭，间接增加了矿山的相对高差，为泥石流的发生提供了很好的动力条件。矿山泥石流的物质来源主要是采矿留下的废渣。采矿过程中对岩体的爆破、钻掘等都会产生大量的碎石。为了方便矿产资源的运输，一般都会在矿山修建迂回曲折的公路，修建

图 2-19　遭泥石流冲毁的村庄

图片来源：中国天气. 四川绵竹清平乡泥石流过后满目疮痍. (2010-08-18)[2019-04-25].

http://p.weather.com.cn/gqt/08/903141.shtml?p=8#p=1

公路时会产生大量的弃土，其往往就堆积在公路两侧，影响了山坡的稳定性，还积聚了大量的松散堆积物。而且，采矿活动留下的采空区的围岩已经松动，发生了陷落、裂缝和岩体位移，形成了大量的滚石，这些都为泥石流的发生提供了丰富的物质基础。因此，一旦矿山进入雨季，矿山地形会使雨水迅速、大量地汇集，当雨势过猛或者下雨时间过长时，就极易爆发泥石流灾害。

3. 地面塌陷

在采矿过程中，将矿产资源和矿山中的废石采出以后会在地下形成许多大小不一的采空区。由于采矿的影响，采空区周围岩石的应力状态被改变，且有大量的裂隙存在，岩体的稳定性较差，采空区上覆岩体就会在重力作用下向采空区移动，随着时间的推移，移动的距离越来越大，最终会波及地表，使地表也产生向下的位移，就会造成地面塌陷。图 2-20 为俄罗斯某矿区发生的大面积地面塌陷。

对煤层进行开采后，附近的岩体在从平衡状态被破坏到形成新的平衡状态这一过程中，岩石在外力作用下会发生移动，导致岩层发生复杂的变形。其一般的移动过程是：煤层顶板上方的岩层自上而下依次进行冒落、断裂、离层、裂隙、弯曲，导致地表出现较大的沉陷盆地。煤层顶板上方的岩层根据其破坏程度可以分为冒落带、断裂带和弯曲带。

图 2-20　矿区地面塌陷

图片来源：和讯图片. 俄罗斯矿山发生透水事故：矿区塌陷现无底黑洞. (2014-11-21)[2019-04-25].
http://tech.hexun.com/2014-11-21/170649467_3.html

如图 2-21 所示，充分采动区 *COD* 位于采空区中部上方，其移动特征是：首先，煤层顶板因为下方被采空，没有岩体支撑，在自身重力及顶板上方岩石的重力作用下会向下产生弯曲变形。变形过程中，如果岩体的受力超过岩石的强度极限，岩体会破碎成许多岩块而向下滑落充填到采空区中。其次，顶板上方的岩层逐渐都向下发生弯曲变形，有些岩层会产生裂隙或者发生断裂等。这些岩层弯曲后会逐渐向采空区方向下沉以填满采空区，当充填到采

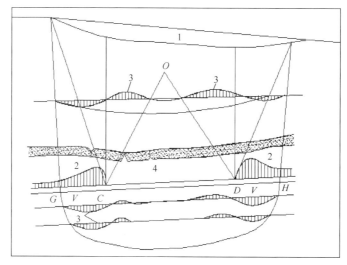

图 2-21　采煤塌陷示意图

1-地表下沉曲线；2-支撑压力区内的正应力图；3-沿层面法向岩石变形曲线图；4-冒落带

空区的岩块被压实后,岩层无法继续向下沉陷,岩层移动就会结束。岩层的移动方向平行于煤层法线的方向。

　　废弃矿山无人管理,在矿山发生初步塌陷以后,采空区的围岩重新进入新的应力平衡状态,重复上述过程,导致地面塌陷继续进行,会形成范围更大、塌陷程度更深的塌陷区域,严重破坏矿区的土地资源,威胁矿区居民的生命安全,甚至有可能导致矿区建筑物、工厂或者道路等公共设施被毁坏,还会对地表的植被造成破坏,危害矿区的生态环境。

　　4. 矿山崩塌

　　崩塌是指陡峭山坡上的岩土体在重力的作用下,发生突然的、急剧的向下倾落运动。废弃矿山发生崩塌的位置往往是在开采结束的位置或者矿山高而陡峭的山坡上。矿山开采造成大量的岩石破碎堆积,还有采矿过程中大量的废石任意堆积,再加上长时间的风化作用和雨水侵蚀作用,使得山坡顶上的岩石断裂破碎、失去稳定性,一旦受到强烈的震动或者山坡边缘岩石突然断裂,在重力作用下向下滚落,将会引发剧烈的崩塌灾害,如图 2-22 所示。

图 2-22　矿山崩塌

图片来源:地大华睿. 矿山地质灾害原因及防治措施. (2018-07-19) [2019-04-25].

http://www.sohu.com/a/242064418_809816

　　崩塌会给环境、经济及居民的生命安全带来巨大的危害。不仅仅会破坏建筑物、毁坏居民的房屋、砸伤附近的居民,而且会破坏交通道路及各种电力和管道设施,阻隔交通运输和各种救援行动,造成巨大的经济损失和人员伤亡。如果崩塌物的堆积将河流堵塞还有可能形成堰塞湖，使上游的建筑物及农田被淹没，影响范围十分广泛，是废弃矿山潜在的巨大隐患。

参 考 文 献

[1] 王来贵, 潘一山, 赵娜. 废弃矿山的安全与环境灾害问题及其系统科学研究方法. 渤海大学学报, 2007, 28(2): 97-101.

[2] 武强, 董东林, 傅耀军, 等. 煤矿开采诱发的水环境问题研究. 中国矿业大学学报, 2002, (1): 22-25.

[3] 唐玉东. 浅谈水质中重金属污染与危害. 水利建设, 2014, (6): 154.

[4] 张洪瑞. 矿井水危害分析与治理技术. 青岛: 山东科技大学, 2013.

[5] He J. Prolonged exposure to low-dose microcystin induces nonalcoholic steatohepatitis in mice: A systems toxicology study. Archives of Toxicology, 2017, 91(1): 465-480.

[6] Chen J, Xie P, Li L, et al. First identification of the hepatotoxic microcystins in the serum of a chronically exposed human population together with indication of hepatocellular damage. Toxicological Sciences, 2009, 108(1): 81-89.

[7] 谢平. 水生动物体内的微囊藻毒素及其对人类健康的潜在威胁. 北京: 科学出版社, 2006.

[8] 罗东华, 王敏, 徐有权. 土壤污染对植物生长的影响研究. 绿色科技, 2017, (12): 120-122.

[9] Sarma K. Impact of coal mining on vegetation: A case study in Jaintia Hills district of Meghalaya, India. Impact of Coal Miningon Vegetation, 2005, (2): 55-68.

[10] 李静, 温鹏飞, 何振嘉. 煤矸石的危害性及综合利用的研究进展. 煤矿机械, 2017, 38(11): 128-130.

[11] 贾建国. 浅论矿山泥石流与公路工程建设. 山西交通科技, 2006, 178(1): 40-41.

第三章

我国废弃矿井地下水污染风险分析评价

第一节　我国矿井水污染特征分析

一、我国废弃矿井地下水环境概况

我国煤炭资源主要形成于石炭—二叠纪和侏罗纪，不同的水文地球化学背景造成了矿井水化学类型的明显的差异，即使在同一矿区，开采不同深度的煤层、同一煤层的不同开采阶段，矿井水的化学组成也有较大的变化。前期对徐州、大屯、淮北、淮南、枣庄、兖州、扎赉诺尔、弥勒、禹州等矿区的矿井水水化学特征和典型污染物的初步调查与研究发现，我国矿井水大致划分为六种类型：常见组分矿井水、酸性矿井水、高矿化度矿井水、高硫酸盐矿井水、高氟矿井水及特殊类型矿井水。不同煤田的矿井水化学类型差异很大，这种差异取决于不同矿区的水文地球化学条件，即使在同一煤田或井田，随着煤矿开采的延续，矿井水化学组成也有很大的变化。但针对我国典型集中关闭煤矿的地下水化学与水污染的调查尚未展开。

据研究，无论是前期由于资源枯竭、开采深度和开采条件复杂等关闭矿井，还是目前和今后由于资源整合、能源结构调整和去过剩产能等关闭矿井，我国的中东部及南方矿区将会出现大面积的煤矿集中关闭区，矿井关闭后水文地质条件的强烈变化对矿区及周边地下水环境造成明显冲击，被污染的矿井水在水位回弹后向外扩散，污染周边含水层，或串层污染其他含水层，可能引起周边居民饮水困难或威胁大型水源地，形成严重的地下水环境问题。

例如，位于山东省淄博市淄川区罗村镇的洪山煤矿，矿区面积达 27.6km^2，开采 7 层、9 层、10 层煤，深部边界在-450m。该矿在 1953 年大部分闭坑，仅一立井、二立井继续生产，到 1994 年全面闭坑，1997 年老空水水量达 956 万 m^3。寨里煤矿位于淄川区洪山镇，矿区面积达 40.3km^2，开采 7 层、9 层和 10 层煤，深部边界在-700m。1935 年淹井，1978 年恢复生产，1987 年全面闭坑。至 1997 年，该矿区老空水水量达 1162 万 m^3。以上两矿已处采空状态，1997 年积水总量达 2118 万 m^3，老空水水位达 74m。

洪山-寨里矿区位于淄博向斜东翼，属向斜腹部的洪山-罗村水文地质单元，北部边界为漫泗河断层，南部边界为大土屋侵入岩脉，东部到该区域的地下水分水岭，西部以王母山断层为界，面积达 67.9km^2。地势东高西低，属山前过渡地带，地下水具有独立的补、径、排条件。

　　该区主要分布第四系孔隙水、石炭—二叠系砂岩裂隙水和奥陶系石灰岩裂隙岩溶水(俗称奥灰水)。第四系松散岩石孔隙水主要受大气降水和地表水渗透补给,并通过地下径流、人工开采和潜水蒸发排出。砂页岩裂隙水主要受大气降水入渗补给和局部第四纪系统的影响。松散岩石孔隙水的补给以人工采矿和泉水的形式排出。岩溶水主要受东南山区降水入渗影响,向西北流动,阻挡含煤地层富集,形成横向径流富水区。不同类型的地下水属于自己独立的补给系统,基本上没有水力连接。

　　在煤矿开采状态下,上部煤系地层的砂页岩裂隙水被疏干,下部奥灰水以顶托补给的形式进入矿坑,其补给量能占矿坑排水量的 30%左右。由此可见,在煤矿开采期间,矿坑排水是该地区奥灰水的主要排泄方式。

　　煤矿闭坑以后,大量的老空积水无法排泄,水位迅速抬升,且矿区居民生活需要大量抽取奥灰水,使奥灰水位大幅度下降,回弹水与奥灰水之间的水位差增大,老空水通过各种途径补给奥灰水,造成串层污染。例如,洪山矿 1995 年雨季前全部撤出停止排水后,矿坑水以 0.35m/d 的速度回升,水位由−200m 回升,1995 年回升到+35m 左右,高出奥灰水位 10~20m,2003年回升到+68m 左右,矿坑水依然高于岩溶地下水水位。造成地下水污染面积达 49.2km^2,33 眼饮水井水质变坏,7 万人生活用水受到影响,大约 40眼地方小煤矿被淹。洪山矿区串层污染较重区域位于淄川区罗村镇驻地一带,呈北东-南西向带状展布,面积达 4.68km^2。

　　大吊桥村南 N09 号岩溶水开采井,地处大吊桥村南侧,位于洪山矿开采区的近中心部位,地下水串层污染程度较重。根据大吊桥村南 N09 号岩溶水开采井水质监测资料,在洪山矿闭坑前后,地下水中化学组分含量在闭坑前后发生明显变化,其中变化最明显的是 $K^+ + Na^+$ 和 SO_4^{2-}。

　　1992 年,水中 $K^+ + Na^+$ 和 SO_4^{2-} 的平均含量分别为 14.42mg/L 和 90.54mg/L,至 2003 年已增至 45.52mg/L 和 578.94mg/L,分别增长了 215.7%和 539.4%。水化学类型由 1992 年的 HCO_3-Ca·Mg 型转变为 2003 年的 SO_4-Ca·Mg 型。

　　1996 年全区 SO_4^{2-}平均含量较 1992 年增加了 158.01mg/L,年均增长 43.6%,而 1996~2000 年的平均增长率却仅为 9%。

　　污染区矿坑水的主要特征表现为高硬度、高矿化度及高 SO_4^{2-}含量。煤矿闭坑前,该地区的奥灰水符合国家生活饮用水卫生标准,成了该地居民的主要生活用水。在煤矿闭坑后，上述地区的奥灰水水质总体呈恶化趋势，主要表现特征是 SO_4^{2-} 含量、总硬度及矿化度的升高。

罗村镇大吊桥地段位于洪山矿区中心，污染较为严重，其他地段的污染井位于老空分布区，呈点状分散分布。因此可以得出矿坑水污染奥灰水呈点状扩散状态，而且反映出串层污染的局部特征，即老空积水通过某些水井与优质岩溶水发生水力联系，串层污染岩溶水。

在调查了两淮、鲁西、河南、冀中和蒙东等煤炭基地的闭坑煤矿后，重点分析了徐州矿区、淄博矿区等典型衰老矿区的废弃矿井地下水污染案例，并对案例中矿井废弃后的水文地质条件变化、地下水污染过程进行了分析。

废弃矿井地下水污染的井下污染源主要包括：①煤岩水岩作用产物；②遗留在井下废弃巷道、工作面的人为排泄物和垃圾等；③废弃的木材、金属支架的腐蚀；④残留的油类及其降解产物。此外，煤矿关闭后，水文地球化学条件发生变化，由原来的氧化条件转化为还原条件，水岩作用条件发生变化，由此导致矿井水污染物发生转化，并可能串层污染地下水。

典型矿区调查研究表明，废弃矿井地下水污染模式包括以下六种：①废弃矿井塌陷积水入渗污染；②废弃矿井地表固体废物淋溶污染；③顶板导水裂隙串层污染；④底板采动裂隙串层污染；⑤封闭不良钻孔串层污染；⑥断层或陷落柱串层污染。

二、我国重要产煤区矿井水水化学特征

由于煤炭资源的减少、资源整合和淘汰落后产能等，中国大量煤矿将要被关闭或者已经关闭。矿井关闭和排水停止后，矿井水位将迅速回升。挟带地下污染物的矿井水将通过采动裂隙、断层、封闭不良钻孔等通道造成地下水串层污染。封闭矿井的地下水污染已成为废弃矿山的主要环境问题之一。由于地下水动态环境的高度复杂性和废弃的采矿水环境，地下水污染风险评估方法和相关技术规范不能用于评估地下水污染危害。给废弃煤矿地下水资源的保护和管理带来很大困难。

前人在安徽淮北、淮南，江苏徐州、大屯，山东枣庄、兖州，内蒙古扎赉诺尔，云南弥勒，河南禹州等 109 个煤矿采集了 162 组样品，采水样的监测分析指标包括常规化学成分和有机污染物及微生物。另外还收集了江西、浙江、湖南、福建等地 160 个煤矿的矿井水化学组成[1-57]，根据化学特性和

地下水质量标准，将我国的地下矿井水分为六种类型，并分析了每种类型的矿井水的特性、分布和成因。不同煤田的矿井水化学类型存在很大的差异，这种差异取决于当地水文地球化学条件，调查情况见表 3-1～表 3-3。

表 3-1　矿井水中主要污染成分在相关水质标准中的规定及本书所采用的矿井水划分标准

产煤区	被调查矿井数	含量分布	pH	F/(mg/L)	Fe/(mg/L)	Mn/(mg/L)	TDS[*]/(mg/L)	SO_4^{2-}/(mg/L)
两淮(淮北、淮南)	34	数据量	34	14	3		30	30
		范围	6.82～8.94	0.05～3.15	0.01～0.29		430.00～6084.00	1～4285.17
		中位数		0.57	0.23		1826.00	2.53
		算术平均值		0.95	0.18		2113.77	736.01
鲁西	65	数据量	61	15	17	2	52	40
		范围	2.71～9.00	0.19～2.92	0～691.02	0.02～21.42	403.00～5266.00	74.17～3410.10
		中位数		0.91	0.50	10.72	1616.86	1180.34
		算术平均值		1.03	93.49	10.72	1997.29	1245.89
山西	23	数据量	22	16	14	7	19	19
		范围	3.42～8.81	0.20～5.93	0.03～102.90	0.02～8.10	464.00～4144.00	2.90～2726.00
		中位数		0.59	0.22	0.65	642.00	134.60
		算术平均值		1.38	7.92	2.54	1142.60	501.03
蒙东	34	数据量	34	29	28	31	25	15
		范围	6.30～8.40	0～3.69	0.01～11.28	0～0.71	356.00～4233.00	60.60～406.00
		中位数		0.86	0.30	0.12	1100.00	216.00
		算术平均值		1.10	1.36	0.18	1245.56	222.62
云贵	40	数据量	39	17	37	23	14	16
		范围	2.30～8.83	0.11～1.50	0.09～669.96	0.01～32.00	504.02～2932.24	46.40～2280.00
		中位数		0.39	3.00	0.50	1333.51	725.00
		算术平均值		0.47	58.96	4.76	1529.51	875.40
神东	10	数据量	7	1	2	1	4	5
		范围	7.60～8.60	4.13	0.20～6.50	0.16	980.00～1684.7	148.70～651.00
		中位数		4.13	3.35	0.16	11383.00	250.59
		算术平均值		4.13	3.35	0.16	1357.68	368.62

续表

产煤区	被调查矿井数	含量分布	pH	F/(mg/L)	Fe/(mg/L)	Mn/(mg/L)	TDS*/(mg/L)	SO_4^{2-}/(mg/L)
冀中	9	数据量	8	7	7	7	9	8
		范围	6.80~8.40	0.03~0.06	0~1.23	0~0.39	200.00~5356.00	7.12~1818.00
		中位数		0.20	0.04	0.03	601.63	58.60
		算术平均值		0.24	0.20	0.02	1094.90	332.83
河南	27	数据量	19	23	11	9	24	25
		范围	7.15~8.80	0.3~4.59	0.09~32.10	0.01~2.35	350.00~1965.00	24.70~643.00
		中位数		0.90	0.87	0.04	662.00	159.00
		算术平均值		1.06	5.33	0.57	783.08	202.62
宁东	9	数据量	9	1	7	1	8	2
		范围	5.60~8.20	0.80	0.01~100.00	10	45.5~9982.00	884.3~2123.01
		中位数		0.80	1.56	10.00	4895.50	1503.66
		算术平均值		0.80	15.21	10.00	5401.35	1503.66
新疆	7	数据量	7	3	4	3	6	7
		范围	7.30~8.21	0.26~0.80	0~0.59	0~0.06	758.00~22225.00	8.36~4654.00
		中位数		0.32	0.17	0.05	16097.50	2604.00
		算术平均值		0.46	0.23	0.04	12344.67	2365.39
黄陇	6	数据量	6	1	1		5	5
		范围	6.96~8.41	1.60	0.10		240.00~1450.00	45.28~243.00
		中位数		1.60	0.10		537.20	224.00
		算术平均值		1.60	0.10		607.88	192.06
其他	5	数据量	5		3	2	1	3
		范围	2.00~3.60		159.80~287.83	6.10~16.50	2212.00	1610.00~4306.00
		中位数			270.00	11.30	2212.00	1951.60
		算术平均值			239.21	11.30	2212.00	2622.53

表 3-2　鲁西煤炭基地主要煤田矿井水水质情况

煤田	煤矿数	pH（样本数）	F/(mg/L)（样本数）	Fe/(mg/L)（样本数）	TDS/(mg/L)（样本数）	SO_4^{2-}/(mg/L)（样本数）
枣庄	10	4.20～8.40 (10)		57 (1)	569～3373 (10)	355～1907 (6)
兖州	6	7.00～8.75 (6)	0.91～1.40 (2)		290～2660 (6)	575～1380 (2)
新汶-莱芜	11	7.05～8.23 (11)	2.92 (1)		441～1759 (11)	302～1095 (5)
济宁	4	6.00～9.00 (3)			1050～1749 (3)	445 (1)
龙口	3	7.80～8.35 (3)	0.37～0.62 (3)		2366～5522 (3)	
肥城	9	3.22～9.00 (9)		334～691 (2)	403～2569 (9)	1806 (1)
淄博	16	2.71～8.10 (16)	0.19～0.65 (3)	0～478 (15)	579～4331 (14)	113～3410 (16)
巨野	6	7.26～7.86 (6)	0.87～2.18 (6)		2472～5266 (6)	1301～3160 (6)

*TDS 表示溶解固体总量。

表 3-3　典型煤矿水质情况表

矿区	煤矿	pH	K^++Na^+/(mg/L)	Ca^{2+}/(mg/L)	Mg^{2+}/(mg/L)	Cl^-/(mg/L)	SO_4^{2-}/(mg/L)	HCO_3^-/(mg/L)
淄博	西沙矿	5.00		545.09	201.86	49.70	2026.87	19.52
	夏庄矿	8.10		16.03	4.86	59.64	326.60	644.16
	埠村矿	8.60		12.04	2.43	61.77	38.42	48.02
	西河矿	4.50		456.91	187.26	8.52	1815.53	46.36
	岭子矿	3.30		490.98	66.88	114.31	3073.92	0.00
弥勒	托白矿	7.10	33.30	130.91	7.94	10.08	100.00	410.55
	七公里矿	6.90	57.50	402.80	100.82	5.04	1000.00	548.39
	宏庆矿	7.30	125.10	543.79	146.65	10.08	2000.00	179.80
	泥脖子矿	2.70	144.10	123.41	120.96	10.85	1800.00	
	中山矿	7.40	227.50	231.63	87.55	10.85	800.00	659.27
	小平砍矿	8.00	81.00	146.19	16.13	5.42	350.00	266.71
	小冲冲矿	7.60	118.90	263.90	82.95	7.23	1000.00	251.72
	大头山矿	4.00	57.70	172.77	95.62	5.42	900.00	0.00
	老寨冲矿	7.60	51.80	178.47	160.13	5.42	600.00	725.20
	莲花塘矿	7.40	35.50	96.83	71.43	1.81	700.00	395.56
	八公里矿	7.70	71.20	125.31	147.46	1.81	700.00	449.50
	飞龙马矿	7.10	12.00	271.89	39.72	1.73	500.00	347.62
	吉田矿	6.10	63.60	226.58	45.83	1.73	750.00	179.80

矿区	煤矿	pH	K$^+$+Na$^+$/(mg/L)	Ca^{2+}/(mg/L)	Mg^{2+}/(mg/L)	Cl$^-$/(mg/L)	SO$_4^{2-}$/(mg/L)	HCO$_3^-$/(mg/L)
	张双楼煤矿	7.11	385.60	222.42	88.19	268.87	1158.65	208.20
	张集煤矿	8.72	528.36	7.71	2.63	322.65	1399.00	865.47
	义安矿	7.84	710.77	9.01	3.91	156.28	223.44	1379.99
	新河矿	7.19	56.30	89.68	27.01	36.87	97.11	371.76
	卧牛山矿	7.62	10.74	128.48	28.07	42.18	46.91	428.27
徐州	三河尖煤矿	8.04	1084.63	245.72	97.45	695.71	2062.53	297.41
	权台煤矿	7.66	116.38	126.12	61.37	68.52	136.65	694.02
	旗山矿	8.88	415.24	2.58	7.81	117.63	86.85	835.89
	韩桥煤矿	7.06	191.70	400.70	49.70	100.62	1186.64	297.41
	东城	8.03	91.40	71.47	44.83	92.42	97.96	401.51
	垞城	7.15	776.07	383.11	208.24	1465.35	1230.27	185.88

(一)常见组分矿井水

这类矿井水一般分布在中国的煤矿中，占被调查水样的 65.62%。污染物通常包括悬浮固体、化学需氧量(COD)、石油类物质和少量有机污染物，并且没有特殊的离子污染物。这种矿井水的特点是悬浮固体含量高，没有特殊污染，呈现灰色或黑色。悬浮物质主要来自煤炭开采过程中产生的煤灰和岩粉。其中，COD、石油物质和少量有机污染物主要来自煤炭开采过程中的人为排放。在鲁西基地，这种类型的矿井水也很普遍，占被调查水样的 32.81%。

(二)酸性矿井水

酸性矿井水指的是 pH 低于 6 的矿井水，pH 一般为 2～4。根据分类结果，中国部分地区的采矿水呈酸性，酸性矿井水的 pH 为 2～4 的约占 6.5%，pH 为 4～6 的约占 3.6%，主要分布在鲁西基地、晋北基地、晋中基地、晋东基地和云贵基地。其他矿区也有酸性矿井水，如宁夏石嘴山煤矿、福建龙永煤矿、浙江长山煤矿等。江西天河矿业和湖南金竹山煤矿，尤其是永安矿业采煤水质的 pH 可达 2.4 以下，其酸性成分主要由煤层中高硫矿物氧化形成。这种矿井水通常含有比较多的铁、锰和其他重金属。

存在于煤层中的黄铁矿是矿井水变酸的主要因素，黄铁矿与氧气及水接触发生反应后的产物是铁离子及硫酸[58-61]。

（三）高矿化度矿井水

一般地，高矿化度矿井水指的是 TDS 大于 1000mg/L 的矿井水。由统计结果可知，中国煤矿矿井水矿化度为 45.5～22225mg/L，有巨大的差异，平均值为 1905.33mg/L。TDS 在 1000～2000mg/L 的矿井水占比 28.5%，在 2000～4000mg/L 的矿井水的占比 18.3%，大于 4000mg/L 的占比 10.2%。高矿化度井水主要分布在两淮、鲁西、晋北、晋中、晋东、蒙东、河南、新疆和宁东。其中，新疆、宁东、山西和河北峰峰矿区的矿井水具有较高的矿化度，特别是在新疆哈密，矿井水矿化度约为 16000mg/L，最高为 22225mg/L。另外，淄博、巨野、淮南、晋城、山东等矿区矿井水矿化度是比较高的，达到 2000mg/L 以上。

高矿化度矿井水的形成原因主要有以下几种[62]：

(1)黄铁矿等煤层中的硫化物发生氧化反应后产生游离酸，煤系地层中大量发育的薄层灰岩、白云岩等与游离酸发生中和反应，使矿井水中钙离子、镁离子和硫酸根离子等增加。

(2)煤炭的开采使得岩层与地下水的接触面及接触概率增大，这样便促进了岩层中的硫酸盐、碳酸盐等可溶性矿物的溶解，造成钙离子和镁离子等增多。

(3)有的地区地下咸水入侵煤田，使得矿井水呈高矿化度(如山东的龙口矿区)。需要指出的是，即使在同一煤田，不同开采区域、不同开采深度的水动力条件不同，矿化度也有差异，一般在开采深部煤炭时，矿化度明显升高。

（四）高硫酸盐矿井水

一般地，高硫酸盐矿井水指的是硫酸盐含量大于 250mg/L 的矿井水。据统计，中国煤矿中矿井水硫酸盐含量为 1～4654mg/L，平均值为 780.58mg/L，比中国《地下水质量标准》(GB/T 14848—2017)中的III级标准高出三倍以上，其中矿井水的硫酸盐含量在 250～1000mg/L 的占比为 26.5%，含量在 1000～2000mg/L 的占比 16.3%，其中 11.6% 的矿井水硫酸盐含量超过 2000mg/L，高硫酸盐主要集中在新疆哈密矿区，宁夏积家井矿区，福建永安矿区，山西大同矿区，安徽两淮矿区和山东龙口、枣庄、兖州、济宁、巨野、新汶、肥城、莱芜、淄博矿区。

形成高硫酸盐矿井水有两个原因：一是在生产黄铁矿煤时黄铁矿与水和采矿空气接触，形成大量硫酸盐；二是矿区某些含水层中的岩盐和石膏的溶解提供了大量的硫酸盐，这些含水层中的地下水又是矿井水的主要来源。

（五）高氟矿井水

矿井水化学成分统计的氟化物的平均含量为 1.16mg/L，这比《地下水质量标准》（GB/T 14848—2017）中Ⅲ级标准规定的 1.0mg/L 稍高。矿井水氟化物含量高的区域主要集中在两淮区域、山西晋城区域和内蒙古的部分区域。矿井水氟化物含量在 1～2mg/L 的占比为 32.4%，含量在 2～4mg/L 的占比 10.1%，含量高于 4mg/L 的占比为 2.0%。山西晋城潘庄矿矿井水中的氟化物含量高达 5.93mg/L，严重超标，属于高氟矿水。

矿井水中的氟化物的一个来源是地层中的富氟矿物，如萤石、磷灰石、水晶石等，而另一个来源则是岩浆岩含有氟，通过长期物理和化学反应进入地下水中。此外，煤层具有较大的埋藏深度，地下水矿化度高，深部的蒸发浓缩作用给氟化物的积累提供了条件[63]。

（六）含特殊组分矿井水

含特殊组分矿井水一般是指有毒有害物质超标，如重金属（如铁、锰）、有机物及放射性元素等的矿井水。其中，含铁锰的矿井水最为普遍。

高铁锰矿井水一般是指含铁量超过 0.3mg/L、含锰量超过 0.1mg/L 的矿井水。在统计数据中，高铁锰矿井水主要集中在蒙东地区和云贵地区，在山西西山、大同矿区，河南鹤壁矿区，山东肥城矿区，宁夏石嘴山矿，湖南金竹山矿及福建永安煤矿中，矿井水的铁锰含量均超标。在调查的矿井水中，铁含量超过 9mg/L 的矿井水有 18.8%，其中鲁西基地的大丰矿矿井水的铁含量最高可达 691.02mg/L，锰含量超过 3mg/L 的矿井水占调查样品的比例为 10.3%，其中贵州恩洪煤矿矿井水中锰含量高达 32mg/L。

含铁锰酸性矿井水是在开采时，黄铁矿及地层中含铁、锰的矿物发生酸化反应后形成的。高铁锰在酸性和弱碱性矿井水中都有分布，但铁含量大于 15mg/L、锰含量大于 1.5mg/L 的矿井水主要是酸性矿井水。在酸性矿井水中，随着 pH 的减小，铁、锰含量增加[64-73]。

三、矿井水有机污染物与特征污染因子

(一)矿井水有机污染特征及其危害性

矿井水中有机物虽然含量很少，但增加了矿井水的综合利用难度，特别是当矿井水作为生活用水来源时，有机污染物增加了其危害健康的风险[74]，在矿井关闭后也会对周边地下水源产生污染风险。在徐州、淮南、贾汪矿区等采集地表水样品 4 个、矿井水样品 10 个，采用吹扫捕集/气相色谱-质谱法对水中半挥发性有机污染物(SVOCs)和挥发性有机污染物(VOCs)进行测试与分析[75,76]。测试结果显示，矿区地下水、地表水和矿井水中有机污染物含量均较低，但检出率比较高，在 14 个样品中共检出了 25 种 VOCs 和 20 种 SVOCs。VOCs 主要为取代苯类和低碳卤代脂肪烃类；SVOCs 种类较多，主要有硝基苯类、氯苯类、多环芳烃和酯类等有机污染物。

1. 矿区水中 VOCs 的污染特征

检出率较高的 VOCs 为二氯甲烷、苯等。检出 VOCs 最多的样品为淮南某矿矿井水，共检出 23 种，其中二氯甲烷、氯甲烷、氯乙烯、反 1,2-二氯乙烯等有机污染物含量相对较高。比较矿区不同采样点水样的测试结果发现，矿区地下水中 VOCs 的种类较少，含量均较低；矿井水中 VOCs 种类及含量略高于矿区塌陷地地表水。

2. 矿区水中 SVOCs 的污染特征

矿区地下水、地表水和矿井水中共检出 20 种 SVOCs。矿井水中的 SVOCs 主要为醚酯类和多环芳烃类，地表水中的 SVOCs 主要为取代苯类和酯类。张小楼矿井水中 SVOCs 的检出率最高，共检出了 13 种 SVOCs。在所有采样点中，检出率较高的物质有萘、邻苯二甲酸二甲酯、邻苯二甲酸二乙酯和邻苯二甲酸二(2-乙基己基)酯，说明矿井水中 SVOCs 有可能主要来源于井下的各种机械用油。

比较同一矿区水样检出的 VOCs 和 SVOCs 可以发现，地下水中含 VOCs 的种类多于 SVOCs，地表水中也是以 VOCs 类为主。而在矿井水中，VOCs 和 SVOCs 数量相差不大，但检出的 SVOCs 较多，且以酯类、多环芳烃类居多。比较结果说明，矿井水中的微量有机污染物的主要来源可能是井下的各种机械用油。

研究有机污染物的污染特征的意义在于有机物具有一定的危害性。矿井

液压支架乳化油会与氯反应产生三氯甲烷等有机卤化物的母体,其中三氯甲烷已被确认为致癌物质,具有一定的致癌性。同时氯化反应产生的乳化油及石油类的润滑油等会生成多种对人体具有致毒、致刺激、致变异的有机氯化物。另外,矿井水采用膜法处理时,矿井水中的油脂会附着在膜的表面,会使膜的处理效果大幅减弱直至膜报废,对膜进行清洗也难以将附着的油脂清除,增加处理成本。

(二)矿井水的特征污染因子

通过对我国重要产煤区矿井水水化学特征的总结分析可知,我国的矿井水根据化学特征主要分为如前所述的六种类型,其中酸性矿井水主要分布于鲁西地区、晋北基地、晋中基地、晋东基地、云贵地区,pH 最低为 2.00。高矿化度矿井水分布较广,主要分布于两淮、鲁西、晋北、晋中、晋东、蒙东、河南、新疆及宁东煤炭基地,其中新疆哈密某煤矿矿井水矿化度高达 22225mg/L。矿井水中硫酸盐含量差异较大,均值为 780.58mg/L,最高可达 4654.00mg/L,高硫酸盐矿井水主要集中于新疆哈密矿区、宁夏积家井矿区、福建永安矿区、山西大同矿区、安徽两淮矿区和山东龙口、枣庄、兖州、济宁、巨野、新汶、肥城、莱芜、淄博矿区。由于特殊的水文地质条件,我国部分煤矿矿井水氟含量超标,主要分布于在两淮、山西晋城及内蒙古部分地区,最高可达 5.93mg/L。而含特殊组分的矿井水,以高铁锰矿井水最为常见,主要集中于蒙东地区和云贵地区。本书的测试结果发现,矿区地下水、地表水和矿井水中有机污染物VOCs 主要为取代苯类和低碳卤代脂肪烃类,SVOCs 主要有硝基苯类、氯苯类、多环芳烃和酯类等有机污染物。矿井水中有机污染物主要来源可能是井下机械设备及生产过程中使用的机油、润滑油等,但含量较少。

综上,我国矿井水主要特征污染因子确定为硫酸盐、铁锰、矿化度、pH、氟化物及微量有机物。

第二节　废弃矿井地下水污染模式研究

一、我国废弃矿井时空特征研究

"十一五"期间,我国煤炭工业结构调整取得重大进展,全国煤矿数量由 2005 年的 2.4 万处减少到"十一五"末的 1.5 万处,平均单井规模由 10

万 t 提升到 20 万 t。"十二五"期间，中国煤炭产业规模化生产进一步提高，建设了一些大型现代化煤矿，提高了单井规模，大力整合和关闭了一些小煤矿，到 2013 年底，全国煤矿数量约为 12000 处，其中还包括大量预计 2020 年计划关闭的小煤矿。2012 年 12 月 20 日，国家安全生产监督管理总局公告(2012 年第 30 号)通报了第一批"十二五"期间关闭煤矿名单，其中，河北、山西、内蒙古、安徽、江西、河南、广西、贵州、云南和陕西 10 个省(自治区)643 个矿井被关闭。公告指出，2011 年以来，各有关产煤省(自治区、直辖市)及新疆生产建设兵团认真贯彻落实国务院关于"十二五"期间进一步深化煤矿整顿关闭和强化煤矿安全生产工作的指示精神,依法关闭了不符合安全生产条件的煤矿。2016 年 12 月 22 日，国家发展和改革委员会、国家能源局印发的《煤炭工业发展"十三五"规划》，提出对煤炭基地的规划将划分层次，区别对待，控制蒙东(东北)、晋北、晋中、晋东、云贵、宁东大型煤炭基地生产规模，有序推进陕北、神东、黄陇、新疆大型煤炭基地建设，支持山西、内蒙古、陕西、新疆等重点地区煤矿企业强强联合，降低鲁西、冀中、河南、两淮大型煤炭基地生产规模，优化发展新疆基地。我国矿井关闭情况如图 3-1 所示。

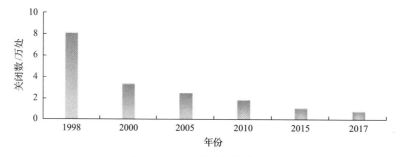

图 3-1　我国矿井关闭情况

①1998～2000 年，关闭煤矿累计约 4.7 万处，主要为非法不合规煤矿；②2001～2010 年，关闭煤矿累计约 1.5 万处，主要为资源枯竭型煤矿；③2011～2015 年，关闭煤矿累计约 7200 处，主要为非法开采型煤矿；④2016～2017 年，关闭煤矿累计约 3000 处，主要为去产能类型煤矿

二、污染源分析

为了安全开采，矿井必须抽取大量的顶板或底板含水层中的地下水，容易形成大规模的地下水降落漏斗，其影响范围已超出了矿井的边界，直接改变了该地区的水循环和地下水渗流场。关闭矿井后，一般会停止抽取地下水，地下水位将回弹，该地区原有的地下水循环条件和赋存环境将再次被破坏。

地下水系统由开采过程中的开放系统转变为闭坑后的封闭-半封闭系统，在这种条件下废弃矿井将会成为一种潜在的污染源，把采矿活动产生的各类污染物带入地下水系统,而且含煤地层本身挟带的有害物质也会进入地下水系统，严重污染和破坏地下水源[77-87]。

国内外许多学者的研究已经表明，煤和煤矸石含有多种重金属元素，如铁、锰、铜、锌、汞、砷、镉、铬等，经溶出释放后产生的重金属将对矿区周围的环境构成威胁。张祥雨等发现重金属在煤和煤矸石中原生含量越高，风化程度越高，溶出的重金属的量越多[88]。此外，溶液本身的pH对重金属的沉淀也具有显著影响。刘桂建等使用溶出试验研究煤中微量元素的析出，发现溶出微量元素的量与其赋存状态和浓度相关联，并且受淋溶时间、淋溶液温度和pH的影响，淋溶时间越长、淋溶温度越高，煤中微量元素析出浓度越高[89]。邓为难和伍昌维发现该溶解过程中，除了重金属的释放，煤矸石、煤中的水化学离子如硫酸盐等同样会随淋溶液向环境释放，且淋溶初期溶出量较多，之后明显降低[90]。在波兰，超过380个陨石山的调查显示，在溶出过程中，煤矸石、煤中铁、硫酸盐、氟化物、锰及TDS等均有所释放，其中铁、盐度、硫酸盐是主要污染物。

矿井关闭后，煤矸石、废弃的支架、人类排泄物和机器用的机油将留在井下巷道中。这些残余物质是废弃矿井地下水污染的主要污染源。通过调查和案例分析，废弃矿井地下水污染源可归纳为两种类型，即地表污染源和地下水污染源。

地表污染的来源主要是固体废弃物(煤矸石堆、粉煤灰堆、废弃的工业场所及其工业建筑垃圾)通过渗透进入地下水，特别是给浅层地下水造成大量污染。塌陷区域的积水也可能成为污染源。煤矿开采中塌陷会导致大量的地表裂缝，污染物会通过地表裂缝污染浅层地下水。

地下水污染源主要是指:①煤岩水岩作用产物;②遗留在井下废弃巷道、工作面的人为排泄物和垃圾等;③废弃的木材、金属支架的腐蚀;④残留的油类及其降解产物。除此之外，关闭煤矿后，矿井中水文地球化学条件会发生变化,由原来的氧化条件转化为还原条件，水岩作用条件变化会导致矿井水污染物发生转化，并且可能串层污染地下水。

三、污染模式

许多专家和研究人员研究了废弃矿区地表污染源对浅层地下水的污染。

污染模式类似于垃圾填埋场和尾矿库等。通过对我国关闭煤矿的调查，以及多处废弃矿井地下水污染典型案例的分析，从废弃矿井地下水污染源、污染途径、目标含水层与污染源之间的水力联系等方面，将废弃矿井污染地下水的模式分为以下六种(图 3-2)。

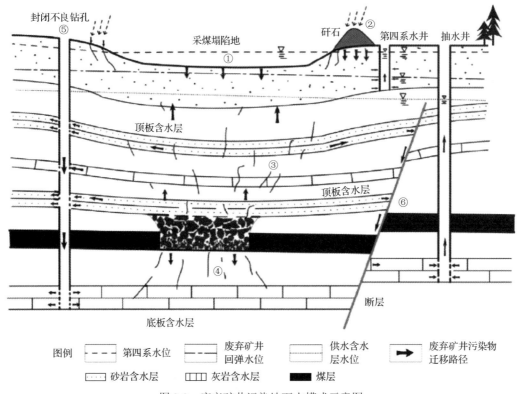

图 3-2　废弃矿井污染地下水模式示意图

①采煤塌陷盆地污水入渗污染；②地表固体废弃物入渗污染；③顶板采动裂隙串层污染；
④底板采动裂隙串层污染；⑤封闭不良钻孔串层污染；⑥断层串层污染

(1)采煤塌陷盆地污水入渗污染：在我国东部平原矿区，地下水位很浅，煤层开采后地表沉陷，形成大面积的积水，这在徐州、兖州、济宁、淮南、淮北等矿区是一种常见现象。塌陷积水受到外来污染源的影响水质恶化，从而造成周边浅层地下水的污染。塌陷盆地边缘的裂缝也可能成为地下水污染的渠道。

(2)地表固体废弃物入渗污染：矿山关闭后，遗留的矸石山、粉煤灰堆场在废弃矿井区域中受到降水淋溶作用，浅层地下水将受到这些污染物的入渗污染。

(3)顶板采动裂隙串层污染：煤矿的开采对覆岩造成重大破坏，形成导水裂隙带，导水裂隙带内含水层中的地下水下泄形成矿坑涌水。煤矿关闭排水后，水位会回弹到初始位置，矿井水及其污染物会一起迁移，造成上覆含水层的串层污染，甚至顶托污染第四系松散含水层。

(4)底板采动裂隙串层污染：煤层开采导致底板岩层被破坏，裂隙发育，其沟通了矿坑与底板含水层之间的联系。当含水层的水位低于回弹水位时，矿井水将污染底板含水层。山西阳泉等地奥灰水水位低于煤层底板，煤矿可能会对底板造成损坏。矿井关闭后，水位回弹，矿井水可能会导致下部奥灰含水层产生污染；在河北、河南、山东、江苏等煤矿区，石炭—二叠系煤层下伏奥陶系或寒武系岩溶含水层是北方煤炭开采的主要充水含水层，并且作为矿区内的主要供水含水层，其水位一般高于煤系含水层，因此不会导致矿井水污染该含水层。然而，由于大量地下水被抽取，奥灰水水位下降。关闭煤矿后，水位回弹高于奥灰含水层水位，造成污染，如淄博洪山、寨里煤矿等。

(5)封闭不良钻孔串层污染：在煤炭勘探及开发阶段，会施工大量钻孔，包括地质孔、水文地质孔、井下放水孔、瓦斯抽放孔等。矿井污染物会通过部分封闭不良钻孔进入含水层，进而污染地下水。

(6)断层或陷落柱串层污染：采煤时，断层或陷落柱是煤矿突水的重要通道。煤矿关闭后，水位回弹会导致矿井水挟带污染物补充充水含水层，从而产生地下水污染。

第三节　废弃矿井地下水污染风险评价模式

在综合考虑地下水污染风险的概念，并通过上一节对废弃矿井地下水污染模式研究的基础上，本书定义废弃矿井地下水污染风险为风险受体(废弃矿井附近的地下水水源地或目标含水层)受到污染源(废弃矿井)污染的可能性和严重程度。根据废弃矿井地下水污染的模式，被废弃矿井污染的目标含水层的污染风险主要取决于废弃矿井的风险性、污染渠道的风险性和对目标含水层的危害性这三个影响因素[90-93]。

废弃矿井地下水污染风险评价方法使用的是迭置指数法。废弃矿井具有许多特征，如点多面广、调查困难、资料很少等，这使得评估其地下水污染风险变得极其不易。在这种情况下，更复杂的评估方法不适用于评估废弃矿井地下水污染风险。此外，基于迭置指数法的评估方法可以完全考虑和评估影响废弃矿井的风险性、污染渠道的风险性和地下水危害性三个主要因素。

因此，选用迭置指数法进行评价，以废弃矿井作为污染源，其附近的含水层作为风险受体，在分析废弃矿井地下水污染模式的基础上，综合考虑基于废弃矿井污染特征和评估方法的优缺点，建立了基于迭置指数法的评价方法，即定性评价。

废弃矿井地下水污染风险评价指标体系的建立，既要考虑含水层的自然属性特征，又要兼顾人类的开采活动和污染源对地下水污染的影响，还要表征风险受体可接受的水平，即地下水价值功能的变化也要考虑进去。因此，在构建该指标体系时，要在遵循科学性原则的同时兼顾全面性和可行性。

指标体系的建立需要首先明确评价的目的；其次利用统计、分析等各种方法，得出一个综合性质的评价指标集；最后通过分析与评价将各指标之间的制约关系表达出来，改变指标集合松散的状态。

废弃矿井地下水污染风险评价指标体系构建步骤如图 3-3 所示。

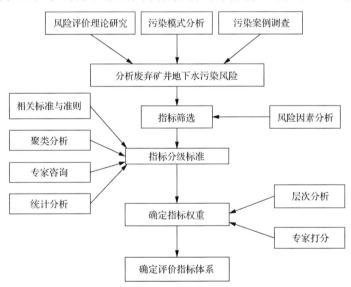

图 3-3 废弃矿井地下水污染风险评价指标体系构建步骤

图片来源：李庭. 废弃矿井地下水污染风险评价研究. 徐州：中国矿业大学，2014

通过构建废弃矿井地下水污染风险评价指标体系，可以对目标矿井含水层的污染风险进行评价，进而确定其被污染的风险的高低，为之后的开发利用提供原始数据支撑。

参 考 文 献

[1] 裴鑫林，周如禄，张崇良，等. 北宿煤矿矿井水净化处理复用技术. 煤矿环境保护，2002，16(2)：35-37.

[2] 范华, 韩少华, 周如禄. 东滩煤矿水资源梯级利用处理工艺与模式研究. 能源环境保护, 2011, 25(4): 44-47.

[3] 陈浩, 张凯. 肥城大封电厂矿井水除铁工艺选择研究. 洁净煤技术, 2010, 16(1): 120-123.

[4] 郑景华, 范军富. 阜新矿区矿井水净化处理的实验研究. 露天采矿技术, 2005, (4): 40-42.

[5] 董芳, 郑连臣, 刘志斌, 等. 阜新矿区矿井水水质的改进灰关联分析. 辽宁工程技术大学学报, 2007, 26(S2): 234-236.

[6] 翟宇, 李占五, 邓寅生, 等. 改性沸石吸附矿井水中氟离子的试验研究. 煤炭科学技术, 2010, 38(9): 121-124.

[7] 李林涛, 江永蒙, 郭毅定. 高硫酸盐矿井水综合处理产业化技术研究. 煤田地质与勘探, 1999, 27(6): 51-53.

[8] 李福勤, 杨静, 何绪文, 等. 高铁高锰矿井水水质特征及其净化机制. 煤炭学报, 2006, 31(6): 727-730.

[9] 吴东升. 高盐高铁酸性矿井水处理研究. 煤炭科学技术, 2008, 36(8): 110-112.

[10] 秦树林, 朱健卫, 朱留生, 等. 含铁酸性矿井水治理及工程应用. 煤矿环境保护, 2001, 15(5): 41-43.

[11] 黄平华, 陈建生. 焦作矿区地下水水化学特征及涌水水源判别的 FDA 模型. 煤田地质与勘探, 2011, 39(2): 42-46.

[12] 汤明坤, 邢满棣, 廖菁, 等. 金竹山矿井酸性水处理研究及设计简介. 煤矿设计, 1998, (5): 42-45.

[13] 张小东. 开滦矿区矿井水资源化研究. 唐山: 河北理工大学, 2004.

[14] 郑媛. 矿井水处理工艺在彬东煤矿的应用. 煤炭工程, 2012, (S1): 66-68.

[15] 李喜林, 王来贵, 刘浩. 矿井水资源评价——以阜新矿区为例. 煤田地质与勘探, 2012, 40(2): 49-54.

[16] 宋扬. 离柳矿区地下水化学特征探讨. 科技信息, 2012, 13: 47-76.

[17] 董慧, 张瑞雪, 吴攀, 等. 利用硫酸盐还原菌去除矿山废水中污染物试验研究. 水处理技术, 2012, 38(5): 31-35.

[18] 吾买尔江·阿不力孜. 硫磺沟煤矿 3#井矿井水处理措施分析. 新疆环境保护, 2004, 26(2): 14-16.

[19] 王涛. 龙口矿区矿井水资源化问题浅析. 煤矿环境保护, 1993, 7(2): 45-46.

[20] 鲍道亮. 龙永煤田酸性矿井水的形成机理与防治对策. 矿业安全与环保, 2003, 30(3): 41-42.

[21] 李天良, 周安宁, 葛岭梅, 等. 马蹄沟煤矿矿井水处理. 煤矿环境保护, 1998, 12(3): 38-39.

[22] 李爱平. 煤矿矿井水市场开发及经济效益分析. 青岛: 山东科技大学, 2008.

[23] 孙红福, 赵峰华, 李文生, 等. 煤矿酸性矿井水及其沉积物的地球化学性质. 中国矿业大学学报, 2007, 36(2): 221-226.

[24] 赵峰华, 孙红福, 李文生. 煤矿酸性矿井水中有害元素的迁移特性. 煤炭学报, 2007, 32(3): 261-266.

[25] 王景平. 煤炭资源开发对环境的影响及防治对策——以山东省夏庄煤矿为例. 河北师范大学学报, 2000, 24(4): 544-547.

[26] 刘艺芳, 武强, 赵昕楠. 内蒙古东胜煤田矿井水水质特征与水环境评价. 洁净煤技术, 2013, 19(1): 101-102.

[27] 刘杰, 郭建新, 马子荣. 宁东矿井水综合利用可行性初探. 西北煤炭, 2005, 3(1): 42-44.

[28] 徐永艳. 平顶山矿区四矿矿井水资源化研究. 焦作: 河南理工大学, 2009.

[29] 肖晓存, 韦连喜. 平煤集团矿山排水的综合利用研究. 工业安全与环保, 2008, 34(1): 12-13.

[30] 代其彬. 浅谈大淑村矿矿井水治理利用的新思路. 能源环境保护, 2012, 26(5): 50-52.

[31] 葛红梅. 浅谈煤矿透水事故后外排酸性矿井水的治理. 环境科学导刊, 2007, 26(6): 64-65.

[32] 曹兴民, 丁坚平, 杨绍萍, 等. 浅析贵州毕节地区煤矿矿井水的资源化与综合利用. 能源与环境, 2010, (2): 89-91.

[33] 许才. 浅析灵州矿区矿井水综合处理技术. 神华科技, 2010, 8(4): 46-48.

[34] 曹江文. 浅议煤矿矿井废水的处理. 环境科学导刊, 2007, 26(S1): 1-3.

[35] 颜玉坤, 黄芳友, 蔡学斌. 任楼煤矿地下水系统的水化学特征. 西部探矿工程, 2004, (10): 89-91.

[36] 万继涛, 李元仲, 杨蕊英, 等. 山东省枣庄市矿山环境地质问题及恢复治理. 地质灾害与环境保护, 2004, 15(3): 26-30.

[37] 徐星宽. 邵武煤矿矿井水充水机理水害成因与治理方式分析. 福建能源开发与节约, 2003, (4): 28-31.

[38] 寇雅芳, 朱仲元, 修海峰, 等. 神东矿区高矿化度矿井水生态利用处理技术. 中国给水排水, 2011, 27(22): 86-89.

[39] 修海峰, 朱仲元. 神东矿区高矿化度矿井水资源化探讨. 能源环境保护, 2009, 23(6): 31-33.

[40] 张新, 尹锦锋. 石灰和混凝沉淀相结合处理含 SO_4^{2-} 和 F^- 矿井水. 能源环境保护, 2010, 24(5): 20-23.

[41] 许光泉, 岳梅, 严家平, 等. 四台煤矿酸性矿井水化学特征分析与防治. 煤炭科学技术, 2007, 35(9): 106-108.

[42] 刘玉兰. 天河煤矿酸性矿井水处理. 江西煤炭科技, 2002, (1): 10.

[43] 桂和荣. 皖北矿区地下水水文地球化学特征及判别模式研究. 合肥: 中国科学技术大学, 2005.

[44] 谢燕孜. 汪家寨煤矿矿井水净化利用实践与展望. 矿业安全与环保, 2003, 30(S1): 115-118.

[45] 代其彬. 梧桐庄矿矿井水外排水质调查分析与评价. 能源环境保护, 2008, 22(4): 62-64.

[46] 许金巨. 小屯煤矿矿井水处理与利用. 贵州化工, 2011, 36(5): 42-43.

[47] 郭艾东, 王守龙, 高亮, 等. 兴隆庄煤矿矿井水净化处理工程技术. 煤矿环境保护, 2000, 14(4): 34-36.

[48] 单耀, 秦勇, 王文峰. 徐州-大屯矿区矿井水类型与水质分析. 能源技术与管理, 2007, (4): 41-43.

[49] 宋秀臣. 杨村煤矿矿井水净化利用工程实践. 能源环境保护, 2003, 17(2): 33-34.

[50] 王海峰, 唐道文, 周芳. 一体化净水器处理煤矿高悬浮物酸性污水的应用. 贵州工业大学学报(自然科学版), 2008, 37(5): 293-296.

[51] 鲍道亮. 永定矿区酸性矿井水的特征及形成机理探讨. 淮南工业学院学报, 2001, 21(4): 25-27.

[52] 沈智慧. 榆神府矿区矿井水资源化研究. 水文地质工程地质, 2001, (2): 52-53.

[53] 尹国勋, 邓寅生, 郑继东. 岳庄水源地地下水中高含量硫酸盐之来源. 焦作工学院学报, 1997, 16(1): 18-22.

[54] 黄廷林, 张刚, 胡建坤, 等. 造粒流化床工艺在南山煤矿矿井水净化处理工程中的应用. 给水排水, 2010, 46(7): 62-66.

[55] 张建立, 沈照理, 李东艳. 淄博煤矿矿坑排水的水化学特征及其形成机理的初步研究. 地质论评, 2000, 46(3): 263-269.

[56] 王军涛, 李福林, 张克峰, 等. 淄博市煤矿矿坑水水化学特征分析及处理利用研究. 科技信息, 2012, (4): 33-34.

[57] Taylor B E, Wheeler M C, Nordstrom D K. Stable isotope geochemistry of acid mine drainage: Experimental oxidation of pyrite. Geochemical et Cosmochimica Acta, 1984, 12(48): 2669-2678.

[58] Kleinmann P L P, Crerar D A, Pacelli R R. Biogeochemistry of acid mine drainage and a method to control acid formation. Mining Engineering, 1981, 33(3): 300-312.

[59] Singer P C, Stumm W. Acidic mine drainage: The rate-determining step. Science, 1970, 167(3921): 1121-1123.

[60] 尹国勋, 王宇, 许华, 等. 煤矿酸性矿井水的形成及主要处理技术. 环境科学与管理, 2008, 33(9): 100-102.

[61] 刘勇, 孙亚军, 王猛. 矿井水水质特征及排放污染. 洁净煤技术, 2007, 13(3): 83-86.

[62] 尹国勋, 付新峰, 赵群华, 等. 永城矿区高氟地下水的氟源及其地质构造因素-永城矿区高氟污染地下水成因探讨之一. 焦作工学院学报(自然科学版), 2002, 21(2): 110-113.

[63] 孙洪星, 童有德, 邹人和. 煤矿区水资源的保护及污染防治. 中国煤炭, 2000, 26(3): 9-11.

[64] Banks D, Younge P L, Arnesen R T, et al. Mine-water chemistry: The good, the bad and the ugly. Environmental Geology, 1997, 32(3): 157-174.

[65] Cravotta C A. Dissolved metals and associated constituents in abandoned coal-mine discharges, Pennsylvania, USA. Part 1: Constituent quantities and correlations. Applied Geochemistry, 2008, 23(2): 166-202.

[66] Cravotta C A. Dissolved metals and associated constituents in abandoned coal-mine discharges, Pennsylvania, USA. Part 2: Geochemical controls on constituent concentrations. Applied Geochemistry, 2008, 23(2): 203-226.

[67] Plumlee G S, Smith K S, Montour M R, et al. Geologic Controls on the Composition of Natural Waters & Mine Waters Draining Diverse Mineral-Deposit Types. Littleton: Society of Economic Geologists, 1999.

[68] Rose A W, Cravotta C A. Geochemistry of coal mine drainage. Harrisburg, PA: Pennsylvania Department of Environmental Protection, 1998.

[69] Thomas C V, Bruno K. Comparison of European and American techniques for the analysis of volatile organic compounds in environmental matrices. Journal of Chromatograph Science, 1994, 32(8): 306-311.

[70] 刘晓茹, 高继军, 刘玲花, 等, GC-MS 法测定水源水中的半挥发性有机物. 分析测试学报, 2004, 23(S1): 183-186.

[71] 邹学贤, 杨叶梅, 朱凤鸣. 饮用水有机污染物的检测及其健康危害的评价. 昆明医学院学报, 1999, 20(3): 77-82.

[72] Paul B. Gas chromatography in water analysis-Ⅰ,Ⅱ. Water Research, 1983, 17(12): 1891.

[73] 徐楚良, 袁武廷, 缪旭光. 矿井水中微量有机污染物的深度处理. 煤矿环境保护, 1998, 12(4): 7-10.

[74] 魏峰, 陈海英, 沈小明, 等. 地下水中半挥发性有机污染物痕量分析的 5 个问题探讨. 岩矿测试, 2012, 31(6): 1043-1049.

[75] 冯丽, 李诚, 张彦, 等. 吹扫捕集/气相色谱-质谱法测定地下水中 30 种挥发性有机物. 岩矿测试, 2012, 31(6): 1037-1042.

[76] Davies H, Weber P, Lindsay P, et al. Characterization of acid mine drainage in a high rainfall mountain environment, New Zealand. Science of the Total Environment, 2011, 4(9): 71-80.

[77] Geidel G, Caruccio F T, Barnhisel R I, et al. Geochemical factors affecting coal mine drainage quality. Reclamation of Drastically Disturbed Lands, 2000, 36(2): 105-129.

[78] Johnson D B. Chemical and microbiological characteristics of mineral spoils and drainage waters at abandoned coal and metal mines. Water, Air and Soil Pollution: Focus, 2003, 3(1): 47-66.

[79] Lottermoser B G. Mine Wastes: Characterization, Treatment and Environmental Impacts. Berlin, Heidelberg: Springer, 2010.

[80] Pope J, Newman N, Craw D, et al. Factors that influence coal mine drainage chemistry West Coast, South Island, New Zealand. New Zealand Journal of Geology and Geophysics, 2010, 53(2-3): 15-28.

[81] 常允新, 冯在敏, 韩德刚. 淄博市洪山、寨里煤矿地下水污染形成原因及防治. 山东地质, 1999, 15(1): 45-49.

[82] 张健俐. 淄川区煤矿闭坑地下水污染防治. 地下水, 2001, 23(3): 118-120.

[83] 徐军祥, 徐品. 淄博煤矿闭坑对地下水的污染及控制. 煤炭科学技术, 2003, 31(10): 28-30.

[84] 吕华, 刘洪量, 马振民, 等. 淄博市洪山、寨里煤矿地下水串层污染形成原因及防治. 中国煤田地质, 2005, 17(4): 24-27.

[85] 冯秀军. 淄博市淄川区矿坑水对水资源的影响与应用研究. 地下水, 2006, 28(2): 14-15.

[86] 张立俊. 废弃矿井高强渗流水害识别与封堵技术研究. 青岛: 山东科技大学, 2005.

[87] 马沛廷, 陈维益. 矿井水综合利用在新河煤矿的实践. 煤矿开采, 2002, (1): 68-70.

[88] 张祥雨, 梁冰, 姜立国. 煤矸石中重金属元素释放的动态淋溶规律. 辽宁工程技术大学学报(自然科学版), 2009, 28(S1): 199-201.

[89] 刘桂建. 煤的淋溶试验与微量元素析出研究. 北京: 第 31 届国际地质大会, 2000.

[90] 邓为难, 伍昌维. 煤矸石模拟浸泡和淋溶实验污染物释放特点的研究. 煤炭技术, 2013, 32(5): 142-144.

[91] Szcepanska J, Twardowska I. Distribution and environmental impact of coal mining wastes in Upper Silesia, Poland. Environmental Geology, 1999, 38(3): 249-258.

[92] 田华. 基于过程的地下水污染风险评价以滦河三角洲为例. 西安: 西安科技大学, 2011.

[93] Finizio A, Villa S. Environment risk assessment for pesticides: A tool for decision-makers. Environmental Impact Assessment Review, 2002, 22(3): 235-248.

第四章

我国废弃矿井水资源化利用技术现状

受所属地区的地质条件、气候和开采方式等因素的影响，废弃矿井水一般含有以煤粉、岩粉为主的悬浮物、可溶性无机盐及少量有机物等污染物质。根据废弃矿井水中所含污染物质的不同，将其划分为洁净矿井水、含悬浮物矿井水、高矿化度矿井水、酸性矿井水和含毒害物矿井水五种类型。根据这五类废弃矿井水各自的特性分别采取针对性技术对其进行处理。我国对含悬浮物矿井水、高矿化度矿井水、酸性矿井水和含毒害物矿井水的水资源化利用技术已经进行了多年的研究和实践，下面将分别对各类废弃矿井水的处理技术现状进行阐述。

第一节　洁净矿井水处理技术

一般情况下，清洁矿井水的 pH 呈中性，具有低矿化度、低浑浊度、不含或含有极少有毒有害元素的特点，基本符合《生活饮用水卫生标准》(GB 5749—2006)。这类矿井水主要来源于石炭纪和奥陶纪石灰岩水、砂岩裂隙水，第四纪冲积层水和老空积水等，多见于我国东北、华北等地的废弃矿井中。

对于清洁矿井水的利用，一般采用"清污分流"的模式，即在井下布置单独排水管道，将清洁矿井水与其他被污染矿井水分开排出。洁净矿井水通常在矿井水源头位置进行拦截汇聚，然后在井下使用单独的输水管道引至井底，进入清水仓后通过水泵排至地表，经过简单处理后可作为矿区工业用水，或者经过消毒处理并达到生活饮用水标准后，作为城市生活用水使用。对于含有多种微量元素的清洁矿井水，可将其开发利用为矿泉水。例如，徐州矿务集团有限公司新河煤矿为徐州市自来水公司供水和开发了矿泉水[1]。

第二节　含悬浮物矿井水处理技术

一、处理技术

含悬浮物矿井水是指除悬浮物、细菌和感官性状指标超标外，其他指标均符合《生活饮用水卫生标准》(GB 5749—2006)的废弃矿井水。含悬浮物矿井水的主要污染物来源于地下水流经采掘工作面的过程，该过程中地下水与煤层、岩层接触而挟带煤粉、岩粉和黏土等固体颗粒，其中煤粉的粒径大小相差较大，平均密度只有 $1.5g/cm^3$，相比地表水中悬浮物的密度要小很多

（地表水中悬浮物的平均密度为 2.4～2.6g/cm³）。因此，这种废弃矿井水多呈灰黑色，浑浊度较高，有异味，往往具有悬浮物粒径差异大、质量轻、沉降速度慢等特点[2]。含悬浮物矿井水的 pH 一般呈中性，矿化度小于 1000mg/L，含有微量金属离子，基本不含有毒、有害离子。另外，受到井下工人生活和生产活动的影响，该类型废弃矿井水中细菌等微生物含量较多。

经调查，含悬浮物矿井水的排放量约占我国北方部分重点国有煤矿矿井涌水量的 60%[3]。去除废弃矿井水中的煤粉、岩粉和细菌等细小的污染物，以及对水体的杀菌消毒处理是含悬浮物矿井水资源化利用的关键。这类矿井水被处理后经常用作工业用水或生活用水。目前，国内对含悬浮物矿井水的处理技术已较为成熟，一般采用混凝、沉淀、过滤、消毒等工艺处理后的矿井水便可达到生产或生活用水的标准。较大颗粒的煤粒、岩粒一般在井下水仓中能够通过自然沉降的方式去除，但粒径细小的煤粉和岩粉无法通过自然沉降的方式去除，需要依靠混凝剂才能被去除，因而混凝是含悬浮物矿井水处理中的重要一步。

1. 化学混凝法

化学混凝法是向含悬浮物矿井水中加入混凝剂，药剂在短时间内迅速地分散到水体中，与水中的胶体杂质发生作用，凝聚成较大颗粒或絮凝体，然后再通过自然沉降和过滤的方式将其去除。混凝剂有硫酸铝、聚合氯化铝等，水温、浊度、硬度、pH 和混凝剂投放量都会影响混凝效果[4]。此外，混凝剂的选择对于水处理的结果也相当重要，在选择时需要考虑大规模工业处理的成本及净化效果，最终确定最优的混凝剂。聚合氯化铝混凝剂对废弃矿井水的水温和 pH 的变化适应性很强，比硫酸铝的去浊率强。目前较为常用的方法是无机高分子絮凝剂聚合氯化铝与有机高分子絮凝剂聚丙烯酰胺同时使用[3]。

常见的含悬浮物矿井水处理工艺流程如图 4-1 所示。将废弃矿井水导入井下水仓，通过调节池调节水量，使其变为匀质，为后面稳定投药量提供条件。利用提升泵站将废弃矿井水与混凝剂混合后送入澄清池处理或使其在反应池充分反应后送入澄清池，澄清池根据水流方向的不同可分为平流式、竖流式和辐流式。在澄清池使用泥水分离设备将上部清液与沉淀物分离，上部清液进入过滤池过滤，过滤池一般采用无烟煤和石英砂作为滤料。矿井水经过消毒处理送至水塔。下部沉淀物经污泥脱水后外运。用于生活用水的矿井水在处理过程中可添加活性炭，吸附水中的有机污染物和异味。目前，一体化净水处理设备被煤矿企业广泛采用，是集絮凝、沉淀和过滤于一体的小型净水设备，将多道工序集合在一个装置中，原理上与常规工艺基本相同，具有结构紧凑、占地面积小、建设时间短、便于维护管理等特点。

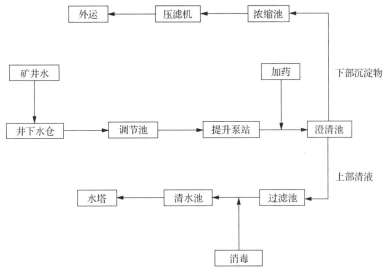

图 4-1　含悬浮物矿井水处理工艺流程[5]

2. 氧化塘法

氧化塘法一般处理水质矿化度不高，经过井下水仓自然沉淀后悬浮物较少的含悬浮物矿井水。煤炭开采后往往在矿区表面出现大面积塌陷区，可以将塌陷坑改造为氧化池，利用自然条件下的生物处理原理净化矿井水。氧化塘水面可以放养水生生物及种植水面作物，利用氧化塘改善所处理矿井水的水质[1]。采用氧化塘法可使含悬浮物矿井水达到有关的用水标准，同时也解决了开采塌陷区域的环境修复问题，进行水产养殖等也增加了经济效益。氧化塘法处理矿井水工艺流程如图 4-2 所示，矿井水依次通过沉淀池和滤沟床，将大颗粒物沉降过滤，然后送入氧化塘中处理，达到使用标准后出水使用。这种方法虽然成本低，但处理周期长，适用于对矿井水处理要求不高的简单处理。

图 4-2　氧化塘法处理矿井水工艺流程[5]

3. 气浮固液分离法

除了传统的化学混凝法工艺外，20 世纪 70 年代发展起来的气浮固液分离技术也被用于废弃矿井水的资源化利用，它的作用相当于传统的沉淀工艺[3]。气浮固液分离法是将大量微小气泡充分地通入废弃矿井水中，微小气泡与悬浮颗粒物相互黏附，由于气泡的密度远远小于水的密度，在浮力的作用下，微小气泡与悬浮颗粒物一同上升到水体表面，形成浮于水面的气浮体。该工艺固液分离能力强，对去除矿井水中微量矿物油效果明显。气浮固液分离法处理工艺的优点是对矿井水处理速度快，出水水质好，污泥的含水率低并且体积小，化学药剂投加量少；缺点是工艺较为复杂，对操作技术要求较高，设备运行时产生的电费高。气浮固液分离法处理含悬浮物矿井水的工艺流程如图 4-3 所示。

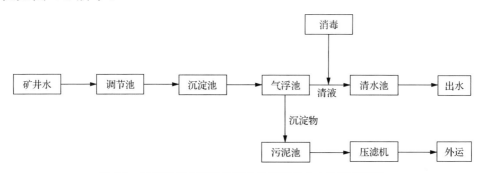

图 4-3　气浮固液分离法处理含悬浮物矿井水的工艺流程

二、工程实例

下面以神东矿区含悬浮物矿井水处理技术为例对该工艺进行详细介绍。

1. 概况

神东矿区，即神府-东胜矿区，该矿区位于陕西省神木市、府谷县和内蒙古自治区鄂尔多斯市。该矿区的含悬浮物矿井水是由煤炭开采污染地下水造成的，主要含有煤粉、岩粉等悬浮物污染，因此神东矿区矿井水资源化利用的目标是去除矿井水中的悬浮物。

2. 工艺流程

神东矿区的废弃矿井水处理工艺流程为混凝、沉淀、过滤处理，如图 4-4 所示，主要由预沉调节池、混凝、澄清池、沉淀池与过滤池等工艺构成。

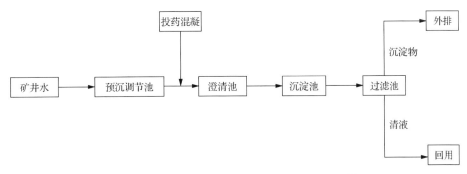

图 4-4 神东矿区的废弃矿井水处理工艺流程[6]

1) 预沉调节池

通常煤矿矿井水水质、水量变化较大,悬浮物含量高,预沉调节池起到了均质均量与初步沉淀的作用[6]。神东矿区的预沉调节池的形式通常为平流式沉淀池,其建造为不少于两座或至少分成可以单独排空的两格,以便于平时运行过程中的维护检修。按照处理矿井水的规模、正常涌水量、井下排水泵工作制度等来确定预沉调节池的容积,并确保不发生溢流现象。调节池的深度对沉淀效果有很大影响,依据沉淀原理,在相同时间内,沉淀池越深,悬浮物的沉淀效率越低。但沉淀池设计深度过浅,容易在运行过程中带起池内沉泥,因此适宜的池深一般为 3~3.5m。为充分发挥对含悬浮物矿井水的调节作用,并保证悬浮物有效沉淀,水力停留时间应不小于 4h[6]。

2) 混凝

常用的混合方式有水泵混合、管式混合器混合、机械搅拌混合,目前神东矿区矿井水处理使用较多的是机械搅拌混合和管式混合器混合。机械搅拌混合池一般为方形,采用一格或两格串联形式,混合时间为 10~30s,最多不超过 2min。管式混合器混合中的管式静态混合器混合时间为 10~20s,提升泵为潜水泵和干式泵,当使用潜水泵时,管式静态混合器应单独作为混合设备使用,当提升泵为干式泵并且与絮凝池距离较远时,管式静态混合器宜与水泵联合使用。

絮凝包括机械搅拌、栅条、折板、旋流、涡流等反应形式。为便于运行过程中的维护检修,絮凝池设置应不少于两座或能够单独排空的分格数不少两个。絮凝时间一般为 20~30min[6]。

在矿井水中投加混凝剂是去除悬浮物、净化水质的重要环节。神东矿区一般采用的混凝剂为聚合氯化铝,絮凝剂为聚丙烯酰胺。通常先投加混凝剂,再投加助凝剂.投加混凝剂剂量的准确性是达到较好混凝效果及经济效益的关键,由于混凝剂投加量目前没有完整的理论计算模式,只能凭借经验或通过烧杯搅拌试验来确定。

3)澄清池

澄清池分为机械搅拌澄清池和水力循环澄清池。一般按照矿井水处理量、进出水的悬浮物含量、投药量、排泥周期和排泥浓度等因素来确定澄清池的泥斗容积,并设置有自动化刮泥、排泥装置。在澄清池的絮凝区和清水区一般分别设取样装置,定期检测絮凝区混合液的沉降比和清水区出水浊度,以确保澄清效果。由于神东矿区矿井水中煤粉悬浮物粒径小、密度低、沉降速度慢,澄清池液面负荷通常低于地表水处理工艺的液面负荷。

4)沉淀池

神东矿区矿井水具有悬浮物密度低、沉降速度慢的特点,因此采用了上向流斜管沉淀池。沉淀池表面负荷根据矿井水水质、水温、出水浊度、药剂种类、投药量及选用的斜管直径、长度等参数确定。

5)污泥处理

矿井水处理过程中的污泥由预沉调节池、澄清池与沉淀池产生,主要成分为煤粉、岩粉等固体颗粒。污泥处理分为浓缩与脱水两个环节。在神东矿区,小型和中型规模矿井水处理工程的污泥浓缩池通常采用竖流式结构,设置数量不少于两座,交替式运行,污泥浓缩池后一般不设储泥池,采用斗式重力排泥;大规模矿井水处理工程的污泥浓缩通常采用辐流式结构,污泥浓缩池呈连续运行状态,浓缩后的污泥采用浓缩机刮泥并配合水泵排至储泥池。污泥脱水主要采用板框压滤机或带式压滤机进行机械脱水,脱水前的污泥含水率不超过95%,脱水后的泥饼含水率不超过45%[6]。

3. 存在的问题

在神东矿区内,部分含悬浮物矿井水处理工艺至少需要进行两次动力提升,泵提升次数过多,没有充分利用井下提升泵的提升能力,造成能源浪费。因此应合理设计布置构筑物高程,尽量利用重力自流,减少提升次数,降低能耗与运行成本。神东矿区矿井水处理的调节、混凝、沉淀等工艺环节设计应充分考虑矿井水悬浮物具有粒径差异大、密度低、沉降速度慢等特点。不少煤矿矿井水处理工程按照市政水处理标准设计,经常会出现对含悬浮物矿井水水质分析不足，以及按照地表水水质参数运行处理的现象，往往会导致澄清池或沉淀池水力停留时间不足，后续过滤单元超负荷工作，反冲洗次数增加，并且出水水质不能满足设计要求的结果。因此，设计时应充分考虑矿井水水质的特点，合理设置各工序单元的液面负荷及水力停留时间。混凝剂的合理投加与煤泥的及时有效排出是决定悬浮物矿井水处理效果的关键，是设计与运营过程中的重要环节，需要优化设计与完善运营管理。含悬浮物矿井水处理过程中会产生大量含有一定热值的煤泥，且煤泥随意排放会造成二次污染，因此污泥处理应坚持资源化、减量化和无害化原则。

第三节　高矿化度矿井水处理技术

一、处理技术

高矿化度矿井水是指溶解性盐类大于 1000mg/L 的废弃矿井水。据统计，我国煤矿高矿化度废弃矿井水的含盐量一般在 1000～3000mg/L，少量矿井水达到 4000mg/L 以上[7]。由于地下水长期与煤层接触，煤层中的碳酸盐类和硫酸盐类矿物溶解，形成了含有大量 SO_4^{2-}、Cl^-、Ca^{2+}、K^+、Na^+、HCO_3^-、Mg^{2+} 等离子的高矿化度矿井水，水质呈中性或者偏碱性，少数为酸性。高矿化度矿井水的成因有很多种，除了前面介绍的碳酸盐类和硫酸盐类矿物溶解的主因外，还有矿区当地气候干旱、降水稀少、蒸发大，使得地下水补给不足，矿井水浓缩；此外，在一些高硫煤中，硫化物氧化产生游离酸，与碳酸盐类和碱性物质发生中和反应，引起 SO_4^{2-}、Ca^{2+}、Mg^{2+} 增多；另外，在一些沿海地区的煤田受到海水侵入的影响，矿井水矿化度升高。调查显示，我国煤矿约有 40% 的矿井水属于高矿化度矿井水[8]，主要分布于西北、华北、中东部平原和沿海地区。

由于受到采掘工作的影响，高矿化度矿井水也含有煤粉、岩粉和黏土等悬浮物，在进行脱盐处理之前要对其进行预处理，使用含悬浮物处理技术的一般工艺方法去除矿井水中的悬浮物。脱盐处理是高矿化度矿井水处理技术的关键，目前，脱盐处理的方法有蒸馏法、离子交换法、可生物降解树脂(DM)装置技术及膜分离法。其中，膜分离法主要包括电渗析法和反渗透法。目前电渗析法在高矿化度矿井水处理中已基本被淘汰，主要采用反渗透法处理工艺[2]。下面对以上提到的方法进行详细介绍。

1. 蒸馏法

蒸馏法是指使用热能加热高矿化度矿井水使水蒸发，然后冷凝，最终实现无机盐与水分离的脱盐处理方式。这种方法适用于盐含量高于 3000mg/L 的高矿化度矿井水和脱盐后高浓度含盐水的进一步脱水。由于蒸馏法需要大量的消耗能源，可以利用煤矿开采的煤矸石和低价值煤作为燃料，从而降低工艺成本。为了使热量得到充分利用，防止热表面结垢，蒸馏法可采用高效多级闪蒸的方法。

2. 离子交换法

离子交换法是一种化学脱盐方法，是利用矿井水中的离子与离子交换树脂中离子之间发生的交换反应来进行脱盐处理的方法。该工艺对于盐含量较低的废弃矿井水具有较好的去除作用，脱盐率及回收率均可达到99%以上，并且出水水质好[9]，适合处理含盐量在 500mg/L 以下的废弃矿井水，虽然高盐浓度的矿井水也可以使用离子交换法进行处理，但是由于受到交换容量的限制，处理效率并不高，而且浓度过高会影响离子交换反应的正常进行。离子交换工艺的设备结构简单，操作方便，但设备占地面积过大，具有一定的局限性。

3. DM 装置技术

DM 装置是在传统膜分离设备上增加了振动装置，使分离膜具有了震动效果，矿井水中的离子随着水流垂直通过膜面，在震动泵的作用下，膜产生震动，有效防止了颗粒物在膜表面富集结垢，保证了膜通过量的稳定性，延长了分离膜的使用寿命。DM 装置技术对废弃矿井水的含盐量具有较强的适应性，适用于 3000～60000mg/L 的含盐废弃矿井水的处理，预除盐率可达90%～98%，出水水质稳定且良好[9]。该装置为一体化设备，自动化程度高，安装容易，操作简单，检修方便，但投资成本较高，与反渗透技术相比，在较高盐浓度的废弃矿井水处理中具有成本上的优势。

4. 膜分离法

膜分离法是指在电位差、压力差、浓度差等推动力的作用下，利用选择性半透膜，对高矿化度矿井水中的各种成分进行选择性分离、浓缩或提纯的一种技术方法。其中，溶剂透过选择性半透膜的方式称为渗透，溶质透过选择性半透膜的方式称为渗析。对于高矿化度矿井水资源化处理，目前，主要采用电渗析法脱盐和反渗透法脱盐，这两种方法都用到了半透膜，半透膜即可选择性透过液体中某些物质的薄膜。半透膜容易被污染堵塞，对水质有一定要求，在使用其进行矿井水处理的过程中必须进行预处理，包括沉淀、过滤、吸附或消毒等工序。电渗析法和反渗透法矿井水处理工艺具有高效低耗、适应性强、不发生相变、设备简单、操作方便、过程可控性强等特点。

(1)电渗析法是指在直流电力场环境中，推动高矿化度矿井水中的阴阳离子定向迁移，并选择性透过离子交换膜，使矿井水中的盐与水分离的一种方法。如图 4-5 所示，在正负两电极之间，将阴、阳离子交换膜交替排列放置，形成一个个排列的水室。通电后，流入装置的矿井水中的阴离子在直流电场作用下向正极方向迁移，透过阴离子交换膜，或者是被阳离子交换膜挡住；同样，水中的阳离子在直流电场的作用下向负极方向迁移，透过阳离子交换膜，或者是被阴离子交换膜挡住。这种阴、阳离子迁移的方式使得与正负极方向相反的水室中的离子发生迁移，而与正负极方向相同的水室中的离子被离子交换膜挡住，并且有临近水室的离子迁移进来，形成了浓、淡交替的水室。通过不同的排水口出水，就得到了脱盐后的淡化水和高盐浓度的浓缩水。电渗析法适用于含盐量在 1000~4000mg/L 的废弃矿井水的处理。该法矿井水脱盐设备安装简单，操作方便，脱盐效果较好，但对电力能源的消耗大，处理成本较高，矿井水的处理效率和回收率低。此外，电渗析法不能有效去除矿井水中的细菌和有机物，运行能耗大，使其在高矿化度矿井水资源化处理中的应用受到限制，因此，电渗析装置在高矿化度矿井水脱盐处理方面逐渐被反渗透装置所取代[10]。

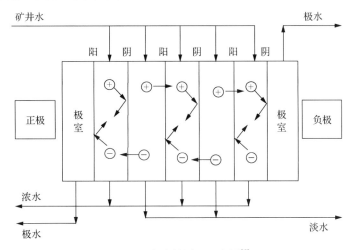

图 4-5 电渗析原理示意图[5]

（2）反渗透法是指在高于溶液渗透压的压力作用下，矿井水通过半透膜，将水与离子、有机物和细菌等杂质分离，从而提纯水的方法。该方法适用于含盐量在 3000～10000mg/L 的高矿化度矿井水的处理，其预除盐率在 95%～98%，出水水质较好[9]。反渗透装置设备的优点有占地面积小、自动化程度高、对高矿化度矿井水处理效果好、水的回收率高；缺点有设备造价高、维护复杂、反渗透膜易结垢、对预处理的水质要求比较高。为了保证该工艺后续反渗透设备的稳定运行，防止反渗透膜被污染是高矿化度矿井水处理中的重要环节。反渗透的前期预处理技术经过多年的研究，基本可保证膜元件的安全平稳运行，设备的整体效率也在不断提高。与电渗析法相比较，反渗透法对高矿化度矿井水含盐量的适用范围更广，脱盐效果好，工艺技术简单可靠，操作方便。随着近年来废弃矿井水处理技术的不断进步，反渗透法装置的投资费用大幅降低，运行成本明显下降，特别是低压膜的应用普及，使得反渗透处理的运行成本大大减少，因此反渗透法逐渐成为处理高矿化度矿井水的首选工艺[11]。

高矿化度矿井水处理一般分为预处理和脱盐处理两部分。预处理主要去除高矿化度矿井水中的悬浮物，处理工艺基本与含悬浮物矿井水处理技术相同。脱盐处理是指利用膜分离技术对高矿化度矿井水进行脱盐，在实际应用中，可采用一级或多级脱盐处理装置，使出水水质达到资源化利用要求。反渗透法处理高矿化度矿井水工艺流程如图 4-6 所示。

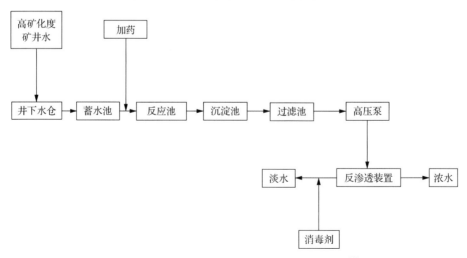

图 4-6　反渗透法处理高矿化度矿井水工艺流程[5]

二、工程实例

下面以徐庄煤矿高矿化度矿井水处理技术为例进行详细介绍。

1. 概况

徐庄煤矿是一座位于江苏省徐州市大屯矿区的国有大型煤矿。徐庄煤矿在煤炭开采过程中产生的矿井水为高矿化度矿井水，根据水中溶解固体总量、硬度、硫酸盐等指标判断，其水质特征主要表现为高硫酸盐，属于高硫酸盐型的高矿化度矿井水，徐庄煤矿矿井水水质特征见表 4-1。徐庄煤矿的高矿化度矿井水排至地面，先经过混凝、沉淀、过滤等预处理过程，再根据该矿井水的水质特点，选择合适的高矿化度矿井水处理工艺，其出水可作为矿区生产及生活用水，既解决了高矿化度矿井水外排污染环境问题，又缓解了煤矿的缺水问题。

表 4-1　徐庄煤矿矿井水水质特征[12]

水质特征	指标值
pH	8.04
悬浮物/(mg/L)	10
$K^+ + Na^+$/(mg/L)	273
Cl^-/(mg/L)	112
SO_4^{2-}/(mg/L)	524
总硬度/(mg/L)	452
总碱度/(mg/L)	294
溶解性总固体/(mg/L)	1069
可溶 SiO_2/(mg/L)	8

注：硬度和碱度均以 $CaCO_3$ 计。

2. 工艺选择

根据徐庄煤矿的矿井水资源化利用规划，处理后的矿井水作为矿区生产和生活用水，多余的部分达标后外排。回用的水质需要符合《生活饮用水卫生标准》(GB 5749—2006)。以徐庄煤矿高矿化度矿井水的水质特征为依据，需要采用能够去除离子的脱盐处理工艺，才能使高矿化度矿井水处理后符合国家标准。高矿化度矿井水的脱盐处理主要有蒸馏、离子交换、电渗析和反渗透等工艺。蒸馏和离子交换工艺在国内高矿化度矿井水脱盐处理中应用得不多。电渗析和反渗透工艺是国内高矿化度矿井水脱盐处理常用的处理工艺。电渗析工艺由于不能去除矿井水中的有机物和细菌，且运行能耗大，在脱盐处理方面逐渐被反渗透装置所取代。反渗透脱盐淡化工艺具有脱盐率高（＞95%）、适用范围广、水回收率高、设备运行稳定、操作管理方便、出水水质好等优势。随着反渗透膜技术的研究和发展，反渗透工艺的投资成本大幅下降。低压反渗透膜的广泛应用使反渗透处理运行成本大大降低。因此，徐庄煤矿的高矿化度矿井水脱盐处理采用反渗透工艺。由于徐庄煤矿的矿井水硫酸盐含量高，在反渗透处理中硫酸钙结垢现象严重，进行反渗透处理时必须确保 MDC220 阻垢剂准确投加[12]。

3. 工艺流程

徐庄煤矿从井下排至地面的高矿化度矿井水中含有一定的悬浮物质，需要先采用"预沉调节池、混凝、斜管沉淀和过滤"的预处理工艺，出水再进行后续的脱盐处理。徐庄煤矿高矿化度矿井水处理工艺流程如图 4-7 所示。

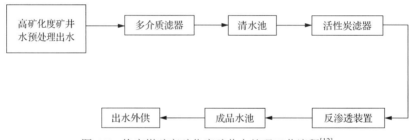

图 4-7　徐庄煤矿高矿化度矿井水处理工艺流程[12]

徐庄煤矿高矿化度矿井水脱盐处理工程由煤科集团杭州环保研究院有限公司承担设计和设备配套，取得了很好的处理效果，水回收率控制在 70% 左右，脱盐率达到 95% 以上，高矿化度矿井水脱盐处理的产水量为 65m³/h[12]。各项指标均达到我国《生活饮用水卫生标准》（GB 5749—2006），可以回用作为矿区生产和生活用水。

该矿高矿化度矿井水处理工艺的主要构筑物和设备包括：①多介质滤器，主要用于去除废弃矿井水中的悬浮物质和胶体物质等，安装有两台多介质滤器，型号为 MK-SLQ-2600，充填的过滤介质为石英砂，其处理流量为 43m³/h，直径为 2600mm，工作压力为 0.4MPa，A3 钢衬胶。②清水池，主要作用是静置沉淀，设有一座，采用钢砼结构，其长宽高为 12.5m×8.5m× 3.5m，有效容积为 300m³。③活性炭过滤器，主要用于去除水中的有机物和油类等物质等，过滤介质为果壳活性炭，设有两台设备，型号为 MK-TLQ-

2200，其处理流量为 43m³/h，直径为 2200mm，工作压力 0.4MPa，A3 钢衬胶。④反渗透装置，用于高矿化度矿井水脱盐淡化处理，单套装置设计产水量为 65m³/h，水回收率为 70%，反渗透脱盐率≥95%，排列方式为一级二段，共一套；膜元件为卷式反渗透复合膜，属于聚酰胺复合膜材质，其型号为 BW30-400；压力容器型号为 8040，长 6m，压力容器的材质为纤维增强复合材料（FRP），单根外壳安装膜元件数为六支/根。⑤全过程监控成套设备，设有一套，其型号为 MK-MCS-15000，主要由水处理模拟屏、工控机、操作控制台、液晶显示器、打印机、电源柜、仪表柜、可编程逻辑控制器（PLC）自控系统、在线传感器等组成，用于实时采集高矿化度矿井水进水流量、进水浊度、进水电导率、清水池液位、贮药设备液位、出水流量、出水浊度、出水电导率等参数[12]。

4. 处理效果

徐庄煤矿高矿化度矿井水为高硫酸盐型的矿井水。经过去悬浮物质预处理后，采用多介质过滤和活性炭过滤前处理工艺及反渗透的脱盐处理工艺，出水可达到国家标准，实现了高矿化度矿井水的回用。徐庄煤矿高矿化度矿井水脱盐处理成本为 1.86 元/t，矿井水处理站每年可产生的经济效益为 34.9 万元[12]。设备运行实际效果表明：该工艺设计合理、设备稳定可靠、出水水质好、操作管理简单，具有一定的推广应用前景。

第四节　酸性矿井水处理技术

一、处理技术

酸性矿井水是指矿井水的 pH 小于 6，我国煤矿中的酸性矿井水一般 pH 为 2～4，主要分布在我国南方的高硫矿区。酸性矿井水中通常含有 SO_4^{2-}、Fe^{2+}、Fe^{3+}、Ca^{2+}、Mg^{2+} 等离子及悬浮物等杂质，其中 SO_4^{2-} 浓度较高。在对含硫煤层开采的过程中，破坏了原煤层的还原环境，煤层中的硫化物被空气中的氧气氧化形成了硫酸，与渗出的地下水接触而形成了酸性矿井水。酸性矿井水具有较强的腐蚀性，对煤矿生产和周边环境都有较大影响，它会腐蚀煤矿机电设备和排水管道，危害井下工人健康，随意排放还会污染水体，使土壤酸化板结，变得不适宜耕种。因此，酸性矿井水需要处理达标之后才能排放或利用。目前，国内煤矿对酸性矿井水的处理技术主要是采用化学中和的方法，在实际处理工艺中主要使用石灰石、石灰等碱性的中和剂。此外，近些年国内煤矿酸性矿井水处理的生物化学处理法和人工湿地处理法的应用和研究也有所进展。

1. 化学中和法

化学中和法是目前处理酸性矿井水经常采用的处理工艺。可以用作中和剂的有石灰石、石灰、大理石、白云石、苛性钠和纯碱等碱性物质。中和剂的选择取决于其本身的反应特性、价格成本等因素，如采用苛性钠和纯碱作为中和剂，具有用量少且产出的污泥体积小等优点，但因为成本过高，已经淘汰不用了[8]。目前，中和剂的使用以石灰石和石灰最为广泛。根据使用中和剂的不同，将化学中和法细分为石灰石中和法、石灰中和法及石灰石-石灰联合中和法。下面将介绍这三种方法的具体工艺流程。

(1)石灰石中和法。该方法的酸性矿井水处理装置有两种形式，包括中和滚筒法、升流膨胀过滤法。①石灰石中和滚筒法采用的中和剂为石灰石，酸性矿井水进入滚筒中与石灰石接触发生中和反应，经过沉淀后排放或利用，工艺流程如图4-8所示。这种工艺的优点是对石灰石大小无严格要求，设备简单，操作方便，处理费用低。但缺点也很明显，首先是设备庞大、噪声大；其次是产生的废渣会对环境造成二次污染。②升流膨胀过滤法是指酸性矿井水由耐酸泵抽至石灰石滤池底部，自滤池底部上升的过程中，在酸性矿井水的作用下，石灰石滤料颗粒逐渐膨胀，能够连续不断地与酸性矿井水发生中和反应，然后出水沉淀后进入曝气池，使用空气压缩机压缩空气，使

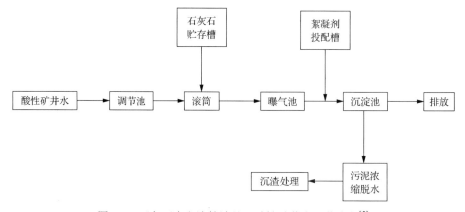

图4-8　石灰石中和滚筒法处理酸性矿井水工艺流程[5]

水中的 H_2CO_3 迅速分解为 H_2O、CO_2，将酸性矿井水中的 pH 进一步提高，达到相关标准后排放或利用，其工艺流程如图 4-9 所示。该方法操作简单，工作环境良好，处理成本低，是酸性矿井水处理主要采用的工艺之一。但是缺点也很明显，中和后的废弃矿井水往往达不到 pH 为 6 的要求，后续的曝气对 pH 的提高有限，同时 Fe^{2+} 的去除率也很低，所以在实际处理过程中，需要在滤池的出水中再投加石灰等中和剂。

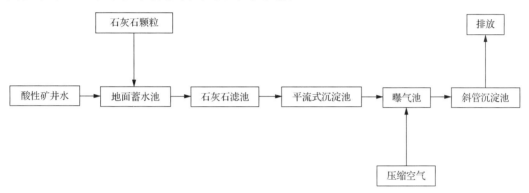

图 4-9　石灰石升流膨胀过滤法处理酸性矿井水工艺流程[10]

(2)石灰中和法。以石灰作为中和剂处理酸性矿井水，石灰具有价格便宜、来源方便等特点。在处理酸性矿井水的工艺中，需要先将石灰(CaO)粉调制成石灰乳，形成熟石灰[$Ca(OH)_2$]，再投加到中和氧化池中[1]。在中和氧化池中进行充分搅拌，依次经过沉淀、过滤等工艺环节，达到排放标准后排放或者用于其他用水。该工艺易于实现全过程自动化控制，在酸性矿井水处理技术中应用广泛。但石灰中和法也会产生大量没有利用价值的沉淀物质，造成二次污染，而且容易造成反应池排泥管的阻塞。石灰中和法处理酸性矿井水的工艺流程如图 4-10 所示。

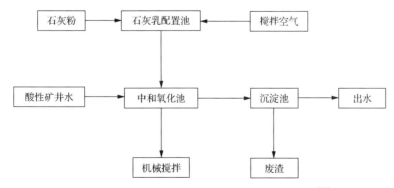

图 4-10　石灰中和法处理酸性矿井水的工艺流程[10]

(3)石灰石-石灰联合中和法,即采用石灰石和石灰作为中和剂,联合处理酸性矿井水的工艺技术。石灰石-石灰联合中和法弥补了石灰石中和法除铁率低、出水水质 pH 不达标,以及石灰中和法在实际处理过程中成本过高的不足。石灰石-石灰联合中和法处理酸性矿井水的工艺流程如图 4-11 所示,首先采用石灰石中和滚筒法的工艺处理酸性矿井水,中和消耗酸性矿井水中的大部分硫酸,处理后的水的 pH 在 5.5 以上;其次采用石灰(乳)中和处理,使 pH 再提高一些,最终 pH 控制在 8 左右[1],同时 Fe^{2+} 水解并形成沉淀,达到了去除 Fe^{2+} 的目的。石灰石-石灰联合中和法对于酸性矿井水的酸碱程度有较强的适应性,产生沉淀的速率快于石灰中和法,并且产出的污泥体积较少,对于 Fe^{2+} 的去除效果好于石灰中和法和石灰石中和法,操作费用比石灰中和法低,但缺点是该工艺的前期设备投资成本比石灰中和法和石灰石中和法高。

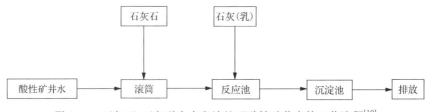

图 4-11   石灰石-石灰联合中和法处理酸性矿井水的工艺流程[10]

2. 生物化学中和法

生物化学中和法是指利用微生物将酸性矿井水中待处理的离子转化为其他物质并去除的一种处理方法。目前已发现并被应用的主要有硫酸盐还原菌和氧化亚铁硫杆菌两种。硫酸盐还原菌可以先将酸性矿井水中的 SO_4^{2-} 还原为 H_2S,然后 H_2S 被光合硫细菌或者无色硫细菌氧化为单质硫,从而提高了酸性矿井水的 pH。另外,H_2S 可与重金属离子形成沉淀而被去除[13]。该工艺的优点是处理成本低,适应性强,不会产生二次污染,能够以重金属硫化物沉淀的方式回收重金属。氧化亚铁硫杆菌可以将酸性矿井水中的 Fe^{2+} 氧化为 Fe^{3+},然后再投加石灰石进行中和处理生成 $Fe(OH)_3$ 沉淀,实现酸性矿井水的除铁和中和处理[1]。在常温下氧化亚铁硫杆菌对 Fe^{2+} 有很强的氧化能力,与石灰石中和法相结合可实现高除铁率。氧化亚铁硫杆菌可以从氧化反应中获取能量用于生存繁殖,不需要添加营养液,大大降低了处理成本,产生的沉淀物可用于制取氧化铁红和聚合硫酸铁[13]。这种方法也有缺点，如处理时间长、反应空间大、设备投资高等，在我国目前尚处于试验研究阶段。生物化学中和法处理酸性矿井水的工艺流程如图 4-12 所示。

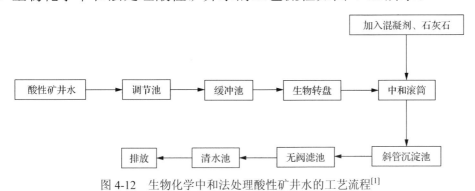

图 4-12　生物化学中和法处理酸性矿井水的工艺流程[1]

3. 人工湿地处理法

人工湿地处理法又称植物处理法，是 20 世纪 70 年代由国外发展起来的一种处理方法。这种方法主要是利用自然生态系统中的物理的、化学的和生物的三重系统作用，通过过滤、吸附、沉淀、离子交换、微生物分解和植物吸收实现对酸性矿井水的净化与中和[14]。人工湿地处理法的工艺是以人工湿地为基础的天然生态处理方法，湿地系统中的矿渣、黏土、砾石、细砂、土壤等物质对酸性矿井水的 pH 提高、悬浮物和溶解性铁元素的去除有明显效果。在人工湿地建造时，应当选择耐受能力强的植物品种，如香蒲、灯芯草、宽叶香蒲等[15]。有研究表明，人工湿地处理法对氢离子、铁离子和悬浮物的去除率可达 90%以上[16]。与上述传统工艺相比，人工湿地处理法具有出水水质稳定、无二次污染、投资成本低、运行维护方便、技术要求不高等优点，能有效去除水中氮、磷等营养物质，提高 pH。人工湿地处理法对 pH 高于 4 的酸性矿井水处理效果较好，当酸性矿井水 pH 低于 4 时，需要添加石灰石来改善湿地基质和腐殖土层，这大大提高了工艺复杂度和成本[13]。此外，人工湿地处理法对酸性矿井水的处理速度十分缓慢，占地面积较大，对塌陷区的改造成本也很高，这使得人工湿地处理法并没有被国内煤矿广泛采用。

4. 其他处理方法

近年来随着研究的不断深入，处理酸性矿井水的中和剂种类也越来越多,出现了轻烧镁粉、粉煤灰作为中和剂处理酸性矿井水的方法。在采用石灰石中和处理酸性矿井水的过程中,容易产生硫酸钙等沉淀,造成二次污染,存在缓冲能力不足,投加量不易控制,中和过度和成本过高等问题。轻烧镁粉来源于菱镁矿尾矿,菱镁矿主要分布于我国华北、东北、西北和华南地区[7]。由于菱镁矿尾矿是废品,轻烧镁粉价格低廉。轻烧镁粉的主要成分为活性氧化镁,与酸性矿井水中和产生硫酸镁,通常无沉淀生成,与某些金属离子可生成致密沉淀物,容易分离澄清,而硫酸镁可用作肥料生产。因此,轻烧镁粉作为中和剂处理酸性矿井水有着不错的发展前景。粉煤灰来源广泛,获取容易,价格便宜,使用粉煤灰作为中和剂,具有一定的便利条件。粉煤灰颗粒呈多孔状结构,比表面积大,具有一定的吸附能力,其中某些成分还可以同酸性矿井水中的污染物质作用产生絮凝沉淀,与粉煤灰一样具有吸附作用[17]。粉煤灰作为中和剂对一般酸性矿井水具有较好的中和作用,对悬浮物的去除效果也不错,不过粉煤灰也存在着吸附能力有限、对 Fe^{2+} 的去除机理尚不明确、容易造成二次污染等问题,对于这些问题的解决有待深入研究。

二、金竹山煤矿酸性矿井水处理技术工程实例

1. 概况

金竹山煤矿隶属于湖南涟邵矿务局,始建于 1971 年。在煤炭开采过程中产生了大量的酸性矿井水,其中对环境影响较大的是硫酸、锰和铁。该酸性矿井水的直接外排,势必会破坏周边的生态环境。因此,金竹山煤矿采用电石渣中和曝气的方法对酸性矿井水进行处理,该项目总投资 104 万元,占地面积 1800m², 定员 16 人,吨水处理费用 0.17 元[18]。

金竹山煤矿酸性矿井水的产生是由于地面水和地下水在流经煤层或者顶、底板过程中,含硫化合物经过生物化学作用而被氧化形成硫酸,溶解在水中所导致的。酸性矿井水由井下各水源点流向水仓的过程中,与周围的岩石(如石灰岩等)发生反应,将岩石中的部分物质溶解,使得酸性矿井水中不仅含有大量的 SO_4^{2-}、Fe^{3+}、Fe^{2+}、Ca^{2+} 等离子,而且含有少量的 Mn^{2+}、Zn^{2+}、Pb^{2+}、Mg^{2+} 等离子。金竹山煤矿酸性矿井水水质分析结果见表 4-2,酸性矿井水中 Fe 含量较高,这说明有大量的 Fe^{2+} 被氧化成 Fe^{3+},这可能与该矿井地质条件和开采时间较长有关。此外,该酸性矿井水的总硬度和 SO_4^{2-} 浓度

也较高，根据其数值可以推断，该酸性矿井水中硫酸钙已经呈饱和状态。因此，如果投加钙质中和剂(如石灰石等)进行中和，加进去的钙经反应后均以 $CaSO_4 \cdot 2H_2O$ 进入废渣中，进而影响工艺流程的确定和工艺的设计。

表 4-2　金竹山煤矿酸性矿井水水质分析[18]

水质特征	指标值
pH	2.60
Fe(总)/(mg/L)	287.83
Fe^{2+}/(mg/L)	60.67
Mn^{2+}/(mg/L)	6.10
Zn^{2+}/(mg/L)	0.70
Pb^{2+}/(mg/L)	0.07
SO_4^{2-}/(mg/L)	1951.60
Cl^-/(mg/L)	0.07
悬浮物/(mg/L)	81.00
总硬度(以 $CaSO_4$ 计)/(mg/L)	1886.80

2. 工艺流程

目前，针对酸性矿井水主要是采用石灰或石灰石作为中和剂进行中和处理，但因工艺上存在问题等，处理效果并不理想。为了使酸性矿井水处理工艺既先进又实用，并考虑到矿区周边拥有丰富的石灰岩资源，且距该矿 30km 的冷水江电化总厂每天排出大量废电石渣，采用石灰石曝气流化床-电石渣中和-锰砂接触滤池处理工艺[18]。金竹山煤矿酸性矿井水处理工艺流程如图 4-13 所示。

将煤矿井下各水源点的酸性矿井水收集到井下水仓，并对酸性矿井水进行静置沉淀、水量调节，通过两台耐酸泵提升至曝气中和池，在池中加入 5%～8%的电石渣乳液并同时吹入空气，随着中和、氧化反应的发生，pH 升高，铁、锰等物质形成沉淀，酸性矿井水进入斜板沉淀池进行沉淀，产生的底泥浆进入浓缩池进行浓缩处理，浓缩后的底泥浆用板框压滤机压滤，泥饼用矿车运至堆渣场存放。斜板沉淀池、浓缩池中产生的上清液流入清水池，部分出水回用，其余出水与压滤清液达标后一起外排。其中曝气、中和池采用合建式，这是由于先中和处理，再曝气氧化 Fe^{2+}，pH 会降低，中和和曝气同时进行则避免了这种情况的发生。此外，采用斜板沉淀池可以节省占地面积。

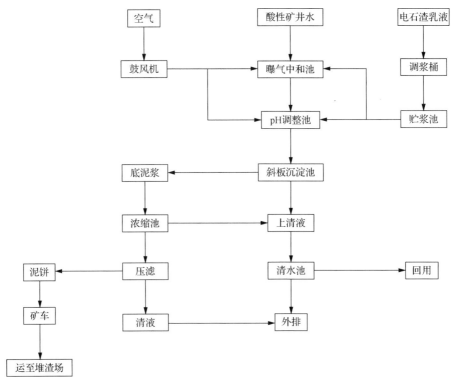

图 4-13　金竹山煤矿酸性矿井水处理工艺流程[18]

3. 处理效果与经验

金竹山煤矿酸性矿井水处理站运行结果表明，该处理工艺以废治废，废物利用率高，且工艺简单，操作方便，处理后出水达到了国家《污水综合排放标准》(GB 8978—1996)中的一级标准[18]。该酸性矿井水的处理采用电石渣曝气中和工艺，到目前为止是一种简单有效的方法，操作环境较好，出水可以达到国家标准。该方法可在不适宜除锰的 pH 范围内将锰有效去除。由于金竹山煤矿枯水季节、丰水季节酸性矿井水中 Fe^{2+} 浓度变化较大，曝气池水力停留时间应大于 15min，鼓风量也需要按最高 Fe^{2+} 浓度设计。该方法的缺点是产生的污泥量较大，约占处理酸性矿井水量的 10%，这是石灰中和法的通病，但该工艺污泥过滤性能好[18]。

第五节　含毒害物矿井水处理技术

一、处理技术

含毒害物矿井水主要是指废弃矿井水中含有氟、重金属、放射性物质及油类等污染物。这类废弃矿井水由于来源的差异和形成过程的不同，所含污染物质地不同，与其他类别的废弃矿井水相比，含毒害物矿井水的性质比较特殊，处理技术难度大，处理工艺方法也不尽相同。根据废弃矿井水中所含毒害物质的不同，将其分为含氟矿井水、含重金属矿井水、含放射性污染物矿井水、含有机物矿井水。对于不同种类的含毒害物矿井水，有着不同的处理方法，下面将分别介绍各类含毒害物矿井水资源化利用的技术现状。

1. 含氟矿井水处理技术

含氟矿井水又叫高氟矿井水，是指废弃矿井水中含有大量氟元素，高于我国工业废水排放标准浓度限值 10mg/L。由于受到地质构造和自然环境等因素的影响，某一区域的氟含量较高，当地下水流经该区域的煤层和岩石时，与其中的含氟矿物(包括萤石、水晶石、氟磷灰石等)发生物理化学反应，形成了含氟矿井水。我国大多数煤矿的矿井水中都含有氟，但一般含量较低。受技术和成本限制，我国目前对矿井水的处理一般是处理达到排放标准即可，很少将其作为生活饮用水(含氟量不超过 1mg/L)来处理。含氟矿井水的处理工艺有多种，常见的有混凝沉淀法、吸附过滤法、膜分离法、离子交换法。

(1)混凝沉淀法处理含氟矿井水工艺流程如图 4-14 所示。在含氟矿井水中投加铝盐、石灰乳等絮凝剂进行混凝处理，生成的絮状沉淀能够吸附含氟矿井水中的氟离子或氟化物，经过沉淀、过滤、澄清后可将其去除。铝盐主要包括硫酸铝、氧化铝和碱式氯化铝等，对含氟矿井水中的胶体状态的氟化物有较强的吸附能力。由于处理费用偏高，目前很少有煤矿使用铝盐作为絮凝剂处理含氟矿井水。石灰乳中的钙离子可与氟离子结合形成氟化钙沉淀，但由于氟化钙在常温下溶解度较大，不能完全将含氟矿井水中的氟元素除尽，使用石灰乳沉淀法处理含氟矿井水的出水中都含有一定量的氟，不过只要满足了排放标准便可以排放[13]。并且因为成本低，石灰乳沉淀法被很多煤矿所采用。

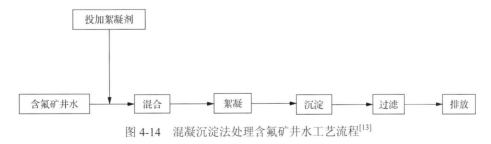

图 4-14　混凝沉淀法处理含氟矿井水工艺流程[13]

(2)吸附过滤法。含氟矿井水流经吸附剂组成的滤层,水中氟离子被吸附剂吸附,形成难溶的氟化物而被去除。通常采用活性氧化铝、磷酸三钙、活性炭和氢氧化铝等吸附剂。吸附剂可重复利用,吸附能力丧失后,可用再生剂恢复其吸附能力。活性氧化铝是常用的吸附剂,其吸附能力受到 pH、氟浓度和其本身性质的影响,当 pH 大于 5 时,pH 越低,其吸附能力越强[13]。由于废弃矿井水一般含有悬浮物,需要先进行预处理,再进行除氟工艺。吸附过滤法处理含氟矿井水工艺流程如图 4-15 所示。

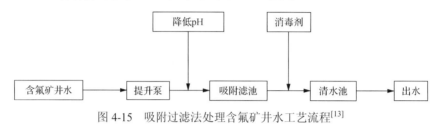

图 4-15　吸附过滤法处理含氟矿井水工艺流程[13]

(3)膜分离法,即利用半透膜分离含氟矿井水中的氟化物,包括反渗透和电渗析两种方法。电渗析法主要是指含氟矿井水在直流电场的作用下,氟离子透过半透膜,形成淡、浓水室,达到去除氟的目的,该方法在去除氟的同时,也能去除其他离子,适合高矿化度含氟矿井水。

(4)离子交换法是利用离子交换树脂对含氟矿井水中的氟离子进行交换,将水中氟离子去除。普通阴离子交换树脂对氟离子的选择性过低,螯合有铝离子的氨基膦酸树脂对氟离子的吸附效果较好。该方法运行成本高,一般将含氟矿井水处理为生活饮用水时采用。

2. 含重金属矿井水处理技术

含重金属矿井水是指废弃矿井水中含有汞、铜、锌、铬、铅等重金属元素,其含量超过了我国的工业废水排放标准[10]。这类废弃矿井水对环境和人类健康影响较大,可通过食物链富集,破坏生态平衡,影响人类健康,因此对含重金属矿井水的进行无害化处理相当重要。含重金属矿井水主要分布在我国东北、华北北部、淮南等矿区,有些矿区废弃矿井水含铁、锰离子较多,同时含有少量的重金属离子,大部分超过了我国的生活饮用水标准,其他地区鲜有分布[19]。无论采取何种方式处理含重金属矿井水都不能分解和破坏重金属,因而只能采用转移重金属存在的位置、物理和化学形态的方式处理含重金属矿井水。经过混凝沉淀处理后,重金属元素从废弃矿井水中转移到沉淀污泥中;经离子交换法处理后,重金属富集在离子交换树脂上,经再生后溶解到再生液中。由此可知,含重金属矿井水经过处理后会形成两种产物,一种是去除重金属污染物的处理水,另一种是重金属的浓缩产物,如沉淀污泥、失效的离子交换剂、吸附剂等。因此,在处理含重金属矿井水时需要注意防止二次污染[10]。

含重金属矿井水的处理方法可以分为两类,一类是将溶解于废弃矿井水中的重金属转化为不溶的重金属沉淀物,从而将其去除。此类方法有还原法、氧化法、硫化法、中和法、离子交换法、活性炭吸附法、离子上浮法、电解法和隔膜电解等。另一类是浓缩和分离,具体方法有电渗析法、反渗透法、蒸发浓缩法等[13]。

3. 含放射性污染物矿井水处理技术

含放射性污染物矿井水在我国煤矿矿区分布广泛,废弃矿井水放射性超标的主要是 α 粒子,以及少量的 β 粒子和 γ 射线[19]。这些放射性物质会损害人体健康,诱发癌症、白血病等严重的疾病。因此,对含放射性污染物矿井水进行处理尤为重要。目前,国内对废弃矿井水中 α 粒子、β 粒子等放射性物质的处理方法研究得不多,国外成熟的处理方法主要有化学沉淀法、离子交换法、蒸发法等。化学沉淀法依据凝聚—絮凝—沉淀分离原理,能够处理高矿化度溶液,但当废弃矿井水中含有油质洗涤剂、络合剂等有机物时,可能会影响其处理效果。离子交换法依据放射性核素在液相和固相中骨架间的交换原理,适合处理低悬浮量、低含盐量、离子型放射性物质。蒸发法依据水分蒸发分离、不挥发盐分和放射性核素残留在剩余液体中的原理,适合预处理洗涤剂含量低的废弃矿井水[10]。含放射性污染物矿井水一般处理工艺流程如图 4-16 所示。

4. 含有机物矿井水处理技术

我国废弃矿井水有机物污染处于较低水平,含量较低,但由于难以彻底清除,制约着废弃矿井水的资源化利用。其中的有机物主要来自煤矿开采过程,不可避免地将废机油、乳化油等有机物混入矿井水中,造成了污染。目前,含有机物矿井水处理方法主要有混凝沉淀法、吸附处理法、生物预处理法、电解气浮法、氧化法、生物氧化塘法等[19]。一般混凝、沉淀、过滤、澄清工艺对废弃矿井水中有机物的去除效果有限。目前,煤矿常采用投加药剂上浮或吸附方式处理废弃矿井水有机物污染问题[13]。

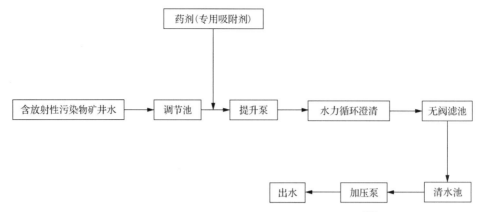

图 4-16　含放射性污染物矿井水一般处理工艺流程[13]

针对含有机物矿井水的处理，20 世纪 70 年代，国内外出现了光化学氧化技术，该方法是通过利用光的照射同一些特定化学物质共同作用以达到去除废弃矿井水中有机物目的的一种水处理方法。经过光化学氧化后，含有机物矿井水中的有机物大分子(如乳化油等)破裂，能够被活性炭有效吸附，使得含有机物矿井水中有机物去除率达 95%以上[13]。光化学氧化和活性炭吸附法去除矿井水中乳化油的工艺流程如图 4-17 所示。

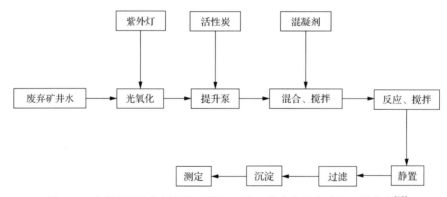

图 4-17　光化学氧化和活性炭吸附法去除矿井水中乳化油的工艺流程[13]

二、工程实例

(一)南桐矿务局砚石台煤矿含放射性矿井水处理技术

1. 概况

南桐矿务局砚石台煤矿是一个年产 45 万 t 的中型矿。根据国家《生活饮用水卫生标准》(GB 5749—2006)，分析测定砚石台煤矿+320m 水平进风平硐大巷裂隙溶洞水水质除细菌学指标外其余指标均符合标准；+210m 水

平矿井水总 α 浓度、总 β 浓度、细菌学指标均超标；0m 水平矿井水的浊度、细菌学指标、总 α 浓度超标[20]。+320m 水平进风平硐大巷裂隙溶洞水中仅有细菌学指标不符合标准，因此可消毒后回用或直接外排。+210m 与 0m 水平矿井水因含有放射性物质，需要处理后再回用或外排。该矿矿井水进行综合利用后，矿区用水短缺问题得到了一定缓解。

由于天然放射性核素在自然环境中分布较为广泛，岩石、土壤水、大气等都有放射性核素存在。例如，氡、钍、镭、钍射气、碳-14、钾-40、氢-3等。砚石台煤矿矿井水中的放射性物质含量见表 4-3。由表可知，该矿矿井水中的放射性元素含量明显高于附近河流。这些放射性元素一般在岩石中，煤炭开采破坏使岩石产生裂隙，地下水流经裂隙时将放射性元素带到水中，矿井水因此产生了放射性。

表 4-3 砚石台煤矿矿井水中的放射性物质含量[20]

取样点	总 α 浓度/(Bq/L)	总 β 浓度/(Bq/L)
+210m 水平矿井水	0.633±0.224	1.052±0.068
0m 水平矿井水	0.589±0.027	0.185±0.027
油房沟河段	0.162±0.001	0.221±0.016

2. 工艺流程

含放射性矿井水由于其化学性质、放射性核素组成不同，放射性浓度也不相同。对中、高水平的放射性废水采用浓缩储存和固化方法进行处理，而对低放射性废水则采用混凝沉降及净化的方法进行处理[20]。根据砚石台煤矿含放射性矿井水水质情况，采用混凝沉降法处理含放射性矿井水，工艺流程图如图 4-18 所示。具体方法是向含放射性矿井水中投加聚合氯化铝混凝剂和石灰，使水中难以沉降的胶体颗粒互相聚合，并在下沉过程中将水中的放射性物质沉降下来，以达到去除放射性物质的目的。混凝剂用水按 1∶2 的比例溶解，采用计量泵、水射器重力投入。混凝药剂与石灰投加量要根据含放射性矿井水质的浑浊度和 pH 的高低而定。混合时间一般不超过 2min，混合直接在水槽内进行。为防止产生较大的矾花下沉，紊流不能过于强烈，这样，细小矾花才能够吸附矿井水的放射性物质。沉淀物及浓缩液直接填埋于矸石山。

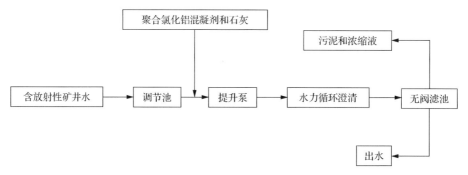

图 4-18 砚石台煤矿含放射性矿井水处理工艺流程

3. 处理效果

砚石台煤矿含放射性矿井水经混凝沉降处理后，总 α 放射浓度由 (0.589±0.107) Bq/L 下降到 0.15Bq/L，总 β 放射浓度由 (0.185±0.027) Bq/L 下降到 0.14Bq/L，总 β 浓度已低于《生活饮用水卫生标准》(GB 5749—2006) 限值，总 α 浓度略超限值[20]。因此，处理过后的矿井水不宜直接饮用，但可作为非生活饮用水使用。该矿含放射性矿井水处理系统投入运行以后，既减少了对周边环境的污染，又缓解了矿区用水问题，而且还取得了一定的经济效益。

(二)宁东煤田鸳鸯湖矿区矿井水利用技术

1. 概况

鸳鸯湖矿区地处宁夏回族自治区中东部，该矿区矿井水使用井下处理设施，处理对象为该矿区红柳矿井和麦垛山矿井的矿井水。矿井水检测显示，鸳鸯湖矿区矿井水为高含盐量水，含盐量为 12000～14000mg/L，总硬度为 160°～185° (德国度)①[21]。此外，由于在煤炭开采过程中矿井水会受到煤粉、岩粉等，以及井下机械设备的污染，矿井水水质一般较差，悬浮物、化学需氧量、油类等污染物浓度较高。

2. 工艺流程

鸳鸯湖矿区矿井水处理工艺流程如图 4-19 所示，主要采用预沉、加药、混凝、沉淀、上浮和过滤工艺去除水中的悬浮物和油类污染物，采用反渗透工艺进行脱盐淡化处理。

_____

① 1°(德国度)=10mg CaO/L。

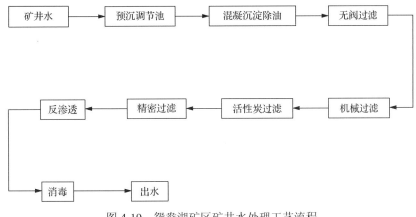

图 4-19　鸳鸯湖矿区矿井水处理工艺流程

　　废弃矿井水利用余压进入井下矿井水处理站内的预沉调节池,经过预沉处理后,经提升泵提升至净水车间的迷宫斜板沉淀池,并向矿井水中投加混凝剂和助凝剂,经过混凝、沉淀及除油处理后,流入重力无阀滤池,过滤后的出水进入机械过滤器前调节水池。在调节池内加入 NaClO 对出水进行杀菌处理,再由泵加压后分别进入机械过滤器和活性炭过滤器,在活性炭过滤器前投加还原剂、阻垢剂及酸添加剂,活性炭过滤器的出水再流入精密过滤器,最后经高压泵加压进入反渗透装置进行脱盐淡化处理。脱盐淡化后的水进入复用水池,在复用水池中添加 ClO_2 进行消毒处理,最后将出水送至回用处。

　　反渗透处理产生的浓盐水进入浓盐水池后,用泵加压排至尾水库。调节沉淀池、迷宫斜板沉淀池排出的污泥排入污泥池,由泵提升至污泥浓缩间,经浓缩后送至污泥压榨一体化脱水机,在污泥脱水前加入聚丙烯酰胺,污泥脱水后污泥含水率在 80% 以下,最后用汽车将污泥运至堆放处。无阀滤池、机械过滤器及活性炭过滤器反冲排水经收集后提升至调节沉淀池内进行循环处理。

　　3. 工艺特点

　　1) 预处理部分

　　预处理部分包括调节沉淀池、迷宫斜板沉淀池及重力式无阀滤池。

　　调节沉淀池的主要作用是调节矿井水流量,避免井下排水瞬时流量大、排水时间不确定等引起的水量不均匀,能够适应井下清仓时井下矿井水水质差、冲击负荷大的特点。此外,由于其设计为平流沉淀池形式,具有停留时间长、沉淀效果好，且出水水质稳定的优势。

迷宫斜板沉淀池主要由混合反应破乳除油及沉淀等处理单元组成。高密度迷宫斜板沉淀池的沉淀效率比普通斜板沉淀池高，并且减少了占地面积，是处理废弃矿井水理想的沉淀设备。

2）深度处理部分

深度处理部分包括机械过滤器、活性炭过滤器、精密过滤器、反渗透机组及反渗透机组辅助系统。反渗透装置要求进水水质高，需要对预处理出水进行再处理，以去除矿井水中胶体、悬浮物、有机污染物等影响反渗透装置正常运行的物质。预处理出水依次经过机械过滤器、活性炭过滤器、精密过滤器，确保反渗透装置进水水质稳定，装置连续、高效地运行。

机械过滤器为压力式过滤器，通过容器内填装一定高度的无烟煤和级配石英砂滤料来制造许多细小的间隙，利用水动力作用使已脱稳的悬浮物颗粒吸附于滤料颗粒表面，去除水中的有机物、细菌等，从而降低水的浊度。

活性炭过滤器中充填了粗石英砂垫层及优质活性炭。炭床中的活性炭颗粒有非常多的微孔和巨大的比表面积，具有很强的物理吸附能力。此外，活性炭表面非结晶部分有很多含氧官能团，可有效吸附水中的有机污染物，对水中胶体及产生色素的物质、异味、重金属离子、COD 等有较明显的吸附去除作用[20]。活性炭过滤器作为一种较常用的水处理设备，能够在脱盐系统的前处理环节有效延长后续设备使用寿命，保证出水质量。

精密过滤器是反渗透系统的保安过滤装置，能够进一步去除水中残留的细小杂质、小分子胶体、一定分子量的有机物等，其过滤精度为 5μm，可确保进入反渗透装置的水质稳定，减少反渗透膜件的清洗次数，提高膜的使用寿命，保证反渗透系统正常良好地运行。

反渗透机组由高压泵及反渗透膜组件等组成。高压泵为反渗透提供动力，反渗透膜组件可以过滤矿井水中的可溶性盐、胶体和有机物。通过反渗透可去除水中绝大部分的盐分及大分子有机物。由于其处理过程耗能少、设备体积小、操作简单、适应性强，在水处理中的应用范围日益扩大，已成为重要的水处理方法，是目前脱盐除硬最经济有效的手段之一[21]。

反渗透机组辅助系统主要由还原剂、酸、阻垢剂添加系统及膜清洗和冲洗系统组成。添加还原剂的目的是对矿井水中杀菌所剩余的余氯等氧化性物质的氧化性进行还原，使其丧失氧化能力，防止其破坏反渗透膜，可通过自动控制装置投加还原剂。投加酸及阻垢剂是为了调节 pH，减轻反渗透膜浓水一侧的结垢对反渗透膜性能的影响。膜清洗和冲洗系统可以方便地对反渗透膜组进行化学清洗，以确保膜元件的正常使用寿命。

　　一般反渗透产生的浓盐水有两种处理方法，一种是再循环进行反渗透处理，另一种是自然析盐。由于鸳鸯湖矿区矿井水水量大，产生浓盐水量也较大，矿井水处理站产生的浓盐水含盐量为 30000～35000mg/L，若再进行反渗透处理，产水量低，容易造成膜堵塞，减少使用寿命短，处理设备投资高，运行成本大[21]。加之鸳鸯湖矿区地处西北地区，当地地面蒸发量大，于是将浓盐水排至尾水库进行自然蒸发处理。

参 考 文 献

[1] 王彦, 赵勇. 煤矿矿井水主要处理技术. 能源环境保护, 2005, 19(6): 15-17.

[2] 郭中权, 王守龙, 朱留生. 煤矿矿井水处理利用实用技术. 煤炭科学技术, 2008, 36(7): 3-5.

[3] 袁航, 石辉. 矿井水资源利用的研究进展与展望. 水资源与水工程学报, 2008, 19(5): 50-57.

[4] 洪巍. 煤矿矿井水处理技术概述. 中小企业管理与科技(下旬刊), 2016, (7): 178-179.

[5] 桂和荣, 姚恩亲, 宋晓梅, 等. 矿井水资源化技术研究. 徐州: 中国矿业大学出版社, 2011.

[6] 王莉娜. 神东矿区矿井水悬浮物处理技术. 能源环境保护, 2014, 28(5): 36-38.

[7] 何绪文, 李福勤. 煤矿矿井水处理新技术及发展趋势. 煤炭科学技术, 2010, 38(11): 17-22, 52.

[8] 高亮. 我国煤矿矿井水处理技术现状及其发展趋势. 煤炭科学技术, 2007, 35(9): 1-5.

[9] 苗立永, 王文娟. 高矿化度矿井水处理及分质资源化综合利用途径的探讨. 煤炭工程, 2017, 49(3): 26-28, 31.

[10] 王春荣, 何绪文. 煤矿区三废治理技术及循环经济. 北京: 化学工业出版社, 2014.

[11] 刘晓雷. 高矿化度矿井水综合处理与利用浅析. 科技情报开发与经济, 2009, 19(29): 203-204.

[12] 王成瑞. 徐庄煤矿高矿化度矿井水处理工艺及工程实践. 能源环境保护, 2014, 28(2): 36-37.

[13] 崔玉川, 曹昉. 煤矿矿井水处理利用工艺技术与设计. 北京: 化学工业出版社, 2015.

[14] 吴晓磊. 人工湿地废水处理机理. 环境科学, 1995, 16(3): 83-86.

[15] 闫善郁, 工洪德. 矿山废水控制与处理. 煤矿安全, 2005, 36(7): 27-29.

[16] 魏建新. 酸性矿井水处理技术综述. 青海环境, 1997, 7(3): 121-124.

[17] 刘心中, 姚德, 董凤芝, 等. 粉煤灰在废水处理中的应用. 化工矿物与加工, 2002, (8): 4-7, 41.

[18] 汤明坤, 邢满棣, 廖菁, 等. 金竹山矿酸性水处理研究及设计简介. 煤矿设计, 1998, (5): 42-45.

[19] 徐建文, 于东阳, 孙康. 我国煤矿矿井水的资源化利用探讨. 江西煤炭科技, 2010, (3): 92-94.

[20] 屈文秀. 含放射性矿井水的净化处理与利用. 煤矿环境保护, 1994, 8(4): 37.

[21] 唐凤, 曹凯, 杨宏涛, 等. 宁东鸳鸯湖矿区矿井废水处理工艺设计与利用. 铜业工程, 2012, (6): 85-89.

第五章

国外废弃矿井水资源化利用现状及对我国的启示

第一节　国外废弃矿井水资源化利用现状

世界煤炭资源非常丰富，我国是重要的煤炭开采国之一，2017年世界煤炭产量居前十位的国家依次为中国、印度、美国、澳大利亚、印度尼西亚、俄罗斯、南非、德国、波兰和哈萨克斯坦。虽然煤炭占世界能源消费的比重在逐年下降，但煤炭行业的技术研究却没有因此停滞，尤其是当今全球水资源日趋紧张，开展煤矿废弃矿井水资源化利用技术研究，逐渐被各主要产煤国所重视。世界上许多国家都对废弃矿井水资源化利用进行了深入的研究和实践，其中美国、德国、俄罗斯、英国、日本等国家在相关领域的研究和实践起步较早，诸多技术的应用走在世界前列，取得了很多理论成果，也积累了许多丰富的经验。

由于废弃矿井水中的成分复杂，且存在地域差异，对废弃矿井水的处理利用工艺一般根据其水质特征和处理后的用途来确定。煤矿矿区缺水和废弃矿井水污染环境是废弃矿井水资源化利用的两个基本问题。在国外，对于水资源相对丰富地区的煤矿，在废弃矿井水对环境不造成影响的情况下，通常不考虑对其进行资源化利用，一般只经简单的无害化处理使其达到相关排放标准后，直接排放到地表水体；而对于水资源相对较少的矿区，废弃矿井水则被视为一种宝贵的可利用的伴生资源，得到了充分的开发和利用。例如，美国在煤矿废弃矿井水资源化利用方面研究较早，已经将很多成熟的技术应用于生产，取得了良好的效果。20世纪80年代其废弃矿井水的利用率就已经达到81%。在俄罗斯有50%的煤矿废弃矿井水用作选煤等工业用水。英国煤矿年排水量达3.6亿t，其中15%用于工业用水，其余85%排放到地表水体。此外，德国以立法的形式规定废弃矿井水必须进行处理；美国制订了详尽的矿山排水水质标准；日本对煤矿废弃矿井水的利用已经形成一整套完整的法律体系，并采取了相应的技术对策[1]。这些法律法规的制订，对煤矿废弃矿井水资源化利用及其相关技术研究和发展起到了积极的促进作用。

一、国外不同水质废弃矿井水资源化利用技术现状

国外对矿井水处理和资源化利用技术研究应用得较早，已进行了广泛的研究和实践，有许多成熟的技术和经验，产生了许多新理论、新工艺，这些

值得我国学习与借鉴。由于洁净矿井水的处理技术简单，国内外工艺流程基本相同，此处就不再赘述。下面将针对含悬浮物矿井水、高矿化度矿井水、酸性矿井水和含毒害物矿井水分别介绍相应的国外先进经验和技术。

1. 国外对于含悬浮物矿井水处理技术研究和应用

在对于含悬浮物矿井水处理技术的研究与应用方面，苏联起步较早，苏联煤矿环保研究院研制了使用压力气浮法净化含悬浮物矿井水的方法。采用将净化水进行部分循环的工作方式，即循环水进入压力箱后，利用剩余压力加压使水中充满空气，可以较好地形成气浮选剂。苏联采煤建井和劳动组织研究所研究的电絮凝法是通过使用直流电接通正负电极处理含悬浮物矿井水。在电场作用下，矿井水中悬浮的杂质颗粒、水和微小气泡相互作用形成松散团粒，凝聚后由于密度不同上浮至水体表面，在水面形成一层泡沫后用刮板清除。此工艺可使杂质团粒的上浮速度提高数倍，并对去除混入的油类污染物有效[1]。

2. 国外对于高矿化度矿井水处理技术的研究和应用

针对高矿化度矿井水处理，苏联采用了高温蒸馏法进行脱盐淡化，效果明显。苏联煤矿环保研究院曾研制出了一种高矿化度矿井水脱盐处理的蒸馏设备，主要用于对含盐量大于 5g/L 的高矿化度矿井水进行脱盐处理，其出水用于煤矿生产和生活用水。捷尔诺夫斯克矿井建成的绝热式蒸发装置，可将废弃矿井水的矿化度由 7800～9000mg/L 降至 25～200mg/L。波兰的杰别尼斯卡矿井建成了一套处理能力为 100m^3/h 的绝热式蒸发淡化装置，能够将高矿化度矿井水含盐量从 100g/L 降至 100mg/L。早在 1991 年，苏联顿涅茨等煤矿已采用电渗析法淡化高矿化度矿井水，也取得了很好的效果[1]。

同时，国外采用反渗透法处理高矿化度矿井水已较为普遍，如日本鹿岛钢厂采用反渗透法对高矿化度矿井水进行脱盐淡化处理，该矿区的高矿化度矿井水含盐量约为 2000mg/L，同时还含有微生物、有机物等污染物，加入聚合氯化铝对其进行混凝沉淀处理，再经过双层过滤器和精密过滤器等进行过滤，并进行杀菌消毒。预处理完毕后，将其进入三级反渗透装置进行脱盐处理，其最终出水含盐量降至 470mg/L，日均出水量为 13900m^3，脱盐率大于 95%，基本实现了对高矿化度矿井水的处理[2]。

3. 国外对于酸性矿井水处理技术的研究和应用

国外对用石灰石中和法处理酸性矿井水进行了一些改进,研究出了一种新型石灰石流化床法,该方法的基本流程是将 CO_2 间歇性通入流化床反应器中进行溶解,以增加石灰石颗粒之间的相互摩擦,加快石灰石的溶解,并冲刷掉石灰石颗粒表面反应生成的覆盖物,同时流化床中的水高速流动将沉淀物及时排除,防止堵塞[3]。日本曾报道过采用 NO 氧化酸性矿井水中 Fe^{2+} 的处理方法,该方法是在曝气环节通入 NO 气体使 Fe^{2+} 被氧化,形成 $FeOH_3$ 沉淀从而被去除,酸性矿井水中的游离 H_2SO_4 则使用石灰石进行中和处理[2]。

使用缺氧石灰石沟法处理酸性矿井水因其特别经济,在国外已得到广泛的应用。该方法的原理是在缺氧条件下,酸性矿井水遇到石灰石产生大量 CO_2,石灰石与水和 CO_2 生成 $Ca(HCO_3)_2$,产生碱度中和酸性矿井水。缺氧石灰石沟需要呈缺氧状态,溶氧浓度为 2mg/L 或更小。缺氧石灰石沟能不断地溶出碱度,但要防止其表面被金属氢氧化物覆盖结垢钝化,因此其适用于处理 Fe^{3+} 等金属离子浓度不高的酸性矿井水。缺氧石灰石沟的体积是根据投放石灰石的量确定的,一般长 30~600m,深 0.5~1.5m,宽 0.6~2m;挖掘深度要高于地下水位处或存在渗流的位置,以防止水流入缺氧石灰石沟中;酸性矿井水应能顺利进入缺氧石灰石沟,并通过溢流出水;在沟的底部要有一定的坡度,坡度应根据流量、石灰石粒径、缺氧石灰石的断面尺寸等设计;为保证缺氧石灰石的缺氧环境,要在缺氧的石灰石上面覆盖塑料,厚度为 10~20mm,然后在塑料上面覆土并压平,种上植物[4]。为了产生较高的碱度,需要选择纯度好的石灰石,同时石灰石粒径要大小适宜,既要使石灰石与酸性矿井水充分接触并反应,也要使石灰石颗粒溶解缓慢,增加其寿命周期。美国宾夕法尼亚州、田纳西州和西弗尼亚州等地已建造了数十个缺氧石灰石沟,它们都显示出了良好的处理效果。在宾夕法尼亚州有两处缺氧石灰石沟系统,其中一处 pH 由 3.5 提高到了 6.5;另一处 pH 从 3.7 提高到了 6.5[4]。因此缺氧石灰石沟法具有成本低、建造简单、管理方便等优点。

运用生物化学处理法处理含铁酸性矿井水是目前国外研究较多的处理方法。该方法在美国、日本等国已进入了实际应用阶段。1976 年日本科学家研究并建成了两座利用生物转盘工艺处理酸性矿井水的处理站,该方法的原理是利用氧化亚铁硫杆菌将酸性矿井水中的 Fe^{2+} 氧化成 Fe^{3+}，并且 Fe^{2+} 氧化速率与生物转盘的转速成正比，然后加入石灰石进行中和处理，达到除铁和中和的目的。

人工湿地处理法是 20 世纪 70 年代在美国等国发展起来的一种处理酸性矿井水的方法。美国科学家在人工湿地的最底部铺上碎石灰石，然后在上面覆盖上有利于植物根系生长的肥料和有机质，种植上香蒲等水生植物。80 年代美国阿拉巴马、宾夕法尼亚、俄亥俄、西弗吉尼亚、马里兰等州的 25 座煤矿矿区采用人工湿地法对酸性矿井水进行处理，之后对其进行水质调查，结果表明人工湿地对处理酸性矿井水中的氢离子、铁离子和悬浮物质具有较好的效果，其去除率达到了 80%～96%，pH 降低了 68%～76%，锰和硫酸盐的去除率为 22%～50%，出水水质已接近或等于周边天然河流的水质[5]。因此人工湿地处理法在北美及欧洲的许多国家得到了广泛应用，目前美国已有 400 多座人工湿地处理系统用于处理酸性矿井水。但该方法仍有不足之处，某些酸性矿井水还需要进行其他的化学处理才能达到排放标准。

微生物在酸性矿井水的形成过程中扮演着重要的角色，因此为减少酸性矿井水的产生可以采用抑制微生物活性的方法。美国进行过有关喷洒杀菌剂来抑制煤中硫氧化杆菌等微生物的生长和繁殖，防止酸性矿井水产生的相关研究。例如，美国宾夕法尼亚州阿多比采矿公司采用杀菌处理技术对尾矿进行综合治理，使酸性矿井水含酸量下降了 80%[6]。另外，加拿大拉瓦尔大学的 K.法陶斯提出了从源头抑制酸性矿井水产生的方法，即利用慢速释放丸剂的形式施加杀菌剂，控制黄铁矿的氧化反应[1]。

1982 年美国国家环境保护局提出了可渗透反应墙法(PRB 法)，这是一种原位去除污染地下水中污染组分的新方法。之后许多国家对其进行了相关研究，该方法日趋成熟，于 1995 年在加拿大实现处理酸性矿井水的实际应用后，美国、英国也相继修建了 PRB 系统[1]。其基本原理是在矿山地下水的下游建造一个被动的反应材料的原位处理区，针对酸性矿井水的具体成分采用物理、化学或生物处理技术和原理处理流经墙体的污染组分[2]。目前，国外实际应用的 PRB 法可分为三种：①连续墙系统。在地下水流经的区域内设置连续活性渗滤墙，以保证能够处理修复所有污染区域内的地下水。该系统结构简单，并且对流场的复杂性不敏感，对自然地下水流向没有影响。不过当蓄水层厚度或者污染区域过大时，连续墙的面积会增加，从而提高了造价。②漏斗-通道系统。该系统利用低渗透性的板桩或泥浆墙来引导受污染地下水流向可渗透反应墙。该系统的反应区域较小，便于在墙体材料活性减弱或被堵塞时进行清除与更换，因此更适合现场治理。③大口井连接虹吸或开放性通道单元。该系统是利用进、出水端的自然水位差来引导地下水流，通过一个大口井来提高上下游的水位差，使受污染水流由高压进口端流向低压出口端、再流入地表水体[2]。

美国弗吉尼亚州煤矿采用反渗透装置处理酸性矿井水，经过反渗透处理后的淡水水质可达到排放标准，而浓水需要经过混凝沉淀，去除其中的金属离子，并将污泥排放至废矿井中。该方法可以回收90%以上的酸性矿井水，具有操作简单、占地面积小、出水水质好等优点，但也有投资成本高、运行维护费用大的缺点。

4. 国外对于含毒害物矿井水处理技术的研究和应用

美国的Don Heskett教授于1984年发明了KDF新型水处理材料，其成分为高纯度的铜合金，能够有效去除废弃矿井水中的重金属离子和酸根离子。这项发明开辟了水处理材料的新纪元，与传统的离子交换法去除水中金属有着本质上的不同。1992年，由该法发展而来的KDF55与KDF85处理介质通过了美国国家卫生基金会(NSF)认证，其出水符合相关的饮用水标准。KDF水处理介质是一种新颖的、符合较高环保要求的水处理介质，使用这种金属材料制成的KDF滤芯可用于净水设备中，是目前处理含重金属矿井水的理想材料。

由澳大利亚ORICA公司开发的一种新型磁性离子交换树脂(MIEX)，是近年来迅速发展起来的一种水处理材料，主要用于去除含有机物矿井水中的天然有机物，这种新型树脂带有磁性，具有较大的比表面积和连续操作性，动力学反应速率高，对带负电荷的有机污染物去除效果明显。能够节省大量絮凝剂的使用，并能减少消毒过程中副产物的产生，提高了常规工艺的处理能力[1]。

当前世界各国在废弃矿井水资源化利用技术方面进行了广泛而深入的研究与实践，已经取得了较为丰富的成果，积累了许多经验，获得了较好的效果。不过由于煤矿废弃矿井水的成分复杂和地域差异等，现有的处理技术还不够完善和成熟[7]。针对废弃矿井水不同的水质情况和资源化利用的具体要求，继续研发经济上合理、技术上可行、环保上可靠的新处理技术，仍是废弃矿井水资源化利用的重要课题。

二、国外废弃矿井水资源化利用典型案例

1. 美国 Powhatan Point 矿井水处理利用实例

Powhatan Point 1 号矿井的矿井水处理厂投资为 60 万美元，由美国北美煤炭公司修建。该矿的矿井水主要类型为酸性矿井水，矿井水处理厂的出水水质完全符合美国国家环境保护局现行的排放标准，处理后外排至俄亥俄河。其处理工艺流程如图 5-1 所示。

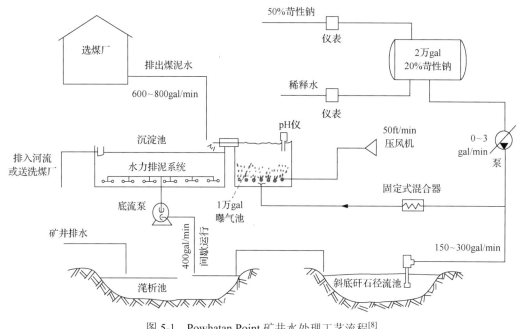

图 5-1　Powhatan Point 矿井水处理工艺流程[8]

1gal（US）=3.78543L；1ft=3.048×10⁻¹m

Powhatan Point 1 号矿井的矿井水处理厂主要处理井下排水中所含有的悬浮物质、洗煤厂排出的煤泥水和浓缩沉淀池的污泥。同时，又能去除矿井水中的铁离子并调节 pH，还能集中处理从老的充填矸石周围渗出的那些原先未加工处理的矿井水。

该厂是由美国匹兹堡的 Barrett Heantjens 公司设计的，在工艺流程中安装了扩散式曝气系统及静态混合器。这种静态混合器通过四个部件产生涡流，将浓度为 20%的苛性钠溶液与酸性矿井水混合，直至使 pH 呈中性为止。

　　中和处理后的酸性矿井水再被抽到装有扩散式曝气系统的曝气池中。该扩散式曝气系统装在曝气池底部,能够比常用的表面曝气系统提供更多的氧气量,使曝气效率更高。

　　随后将曝过气的酸性矿井水送入沉淀池,使生成的氧化铁沉入池底,再使用固定式水力除泥耙将沉淀的底泥排出池外。该固定式除泥耙由铺设在沉淀池底部的塑料管组成,塑料管上每隔一段距离就开有孔口,通过空气控制阀(气动阀)来控制伸到沉淀池两边的一对管孔的开合。当运行固定式水力耙进行排除底泥作业时,只要将需要排泥部位的管孔阀门打开,启动真空泵,通过管道系统就可将污泥吸送至滗析池内。

　　该矿井水处理厂在设计中未考虑投加混凝剂,但有时为了使出水水质更好,也可用长链类的混凝剂来进行处理,当悬浮颗粒沉到沉淀池底后,由固定式水力耙去除。

　　该矿井水处理厂使用母钟来控制处理设备的运行时间,能够使固定式水力耙按照设定好的程序,在不同时间对大小为 92ft×30ft 的沉淀池内的不同区域进行排泥。因此,可以做到及时清除重颗粒沉淀区域内的污泥,而那些较轻的污泥颗粒则随着沉淀池的出流端排出。

　　由于矿井水处理设备自动化程度高,不需要任何操作人员,一旦设备出现故障,系统就会立即自动停机。此控制系统是由继电器逻辑元件来实现全厂完全程序化运行的,并且能较容易地按照主要的工作状态进行调整。在整个工艺设备上安装设置了一系列的故障监控装置及全读数显示的监测器。例如,安装在曝气池内的传感探针,就能在控制盘上显示出曝气池内矿井水的 pH 的读数。当苛性钠没有被投入混合器或者浓度不符合要求时,该系统便会自动关闭。同样,故障监控器也控制着沉淀和铁的氧化等工艺。

　　Powhatan Point 1 号矿井的矿井水处理厂在刚投入运行的 6 个月中,消耗了 20t 氢氧化钠(每吨价格为 125 美元),处理的矿井水流量为 300gal/min,每吨水处理费用折合为 2 美分[8]。之后,北美煤炭公司又在该矿 3 号矿井建成了另一座煤矿酸性废水处理厂,3 号矿井含有大量的酸性矿井水,使得水处理成本提高到了 8 美分/t。

　　该矿井水处理厂在设计中也存在一些问题,主要是其处理能力不能与煤矿和洗煤厂的生产能力相适应,造成矿井水处理厂已经是三班生产,但矿井只能两班生产,洗煤厂甚至只能一班生产的现象,严重限制了该矿井的生产能力，间接地使成本升高，经济效益下降。不过，该全自动化的矿井水处理厂仍算得上是矿井水处理技术中能严格满足环境排放标准的良好设施。

2. 俄罗斯雅尔库塔矿区北方矿矿井水处理利用实例

雅尔库塔矿区位于雅尔库塔市伯朝拉煤田北部，俄罗斯欧洲部分的北部、北极圈以内，全年 299 天为寒冷天气，平均气温为–26℃，最低可达–43℃。该矿区成煤期为二叠纪，矿区煤炭探明储量 600 亿 t，以焦肥煤为主。全矿区现有 12 个矿井，设计规模年产 185 万 t，最高年产达 2100 万 t。

雅尔库塔矿区北方矿矿井水处理厂始建于 1977 年，设计处理能力为 12000m³/d，处理来自北方矿井、阿亚乌-阿瓦矿井和尤勒-硕勒矿井产生的矿井水。该厂总投资为 700 万卢布（按 1977 年价格），吨水投资为 580 卢布（按设计能力计算），占地面积为 2700m²，吨水占地面积为 0.225m²，水处理成本为 0.22 卢布/m³（按 1977 年价格）[9]。目前矿井水处理厂实际处理能力为 8400m³/d 左右，未达到设计处理能力，操作人员约为 110 名。该厂只处理含悬浮物矿井水，原水悬浮物浓度平均为 1000mg/L 左右，经净化处理后，矿井水中悬浮物浓度降至 15mg/L 以下，并直接排入附近的雅尔库塔河。有关资料显示，俄罗斯煤炭工业企业规定的矿井水上限排放标准（1985～1989 年）为 1.5～32mg/L，该矿井水处理厂的出水符合俄罗斯国家规定的排放标准。

矿井水处理厂净化工艺系统由伯朝拉煤炭研究设计院设计完成。矿井水处理工艺流程如图 5-2 所示。上述三个矿（北方矿、阿亚乌-阿瓦矿和尤勒-硕勒矿）的矿井水进入调节池中，混合后矿井水的悬浮物浓度一般为 1000mg/L，悬浮物质主要是煤粉和岩粉，其中粒径为 0.05mm 的悬浮物占 50%～60%[9]。含悬浮物矿井水通过加药器加入阳离子高分子电解质絮凝剂后，进入快速混合器进行快速混合，使药剂均匀溶解，加药量为 2～8g/m³ 水。然后矿井水从快速混合器自动流入混凝器中，由混凝器中心管道进入混凝器锥形体底部，向上流动，从混凝器壁向四周溢出，进入空气分离器，再自动流入澄清池，这部分是整个处理工艺设计的核心，澄清池呈三组并联的形式，均采用钢盘混凝土结构，每组设计处理量为 250m³/h，其中每组又分隔为三个池子，池子上部为矩形体，总池体高度 4～5m。含有絮凝剂的含悬浮物矿井水从两个边池底部流入，液面缓慢上升，速度控制在 1mm/s，以便分离水和悬浮物，液面上升速度是关键指标。三个边池在竖向中部位置分别与中间池有一个连通口，澄清后的矿井水经边池顶部溢流与中间池上部出水口一起排出，由加氯器加入液氯消毒后流入净水池，再由净水池直接排放至雅尔库塔河，外排矿井水悬浮物浓度一般小于 15mg/L。聚集于澄清池中间池底部管道排放至煤泥浆池，再进入煤泥浆脱水仓，在脱水仓中脱除一部分水分的煤泥浆用高压泵打入四台并联的立式板杠压滤机中压滤成滤饼，其中较高浓度的含悬浮物滤水再次导入调节池中进行循环处理。滤饼排入煤泥仓后，由汽车定时清运。

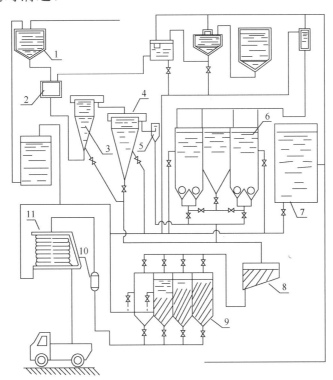

图 5-2　雅尔库塔矿区北方矿矿井水处理工艺流程[9]

1-调节池；2-加药器；3-快速混合器；4-混凝器；5-空气分离器；6-澄清池；7-净水池；
8-煤泥浆池；9-煤泥浆脱水仓；10-高压泵；11-立式板杠压滤机

　　该处理工艺有两个关键点，其一为高分子电解质絮凝剂，该絮凝剂的分子式如图 5-3 所示；其二为澄清池控制流速，使液面缓慢上升，进而使絮凝的悬浮物充分沉淀，澄清分离上部清液。

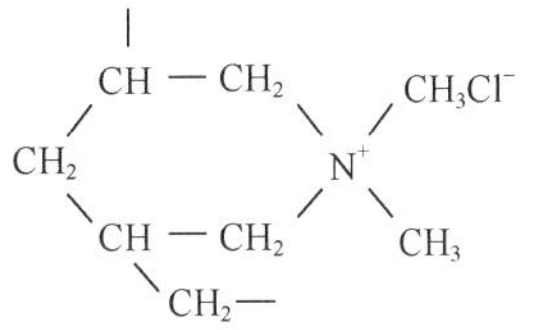

　　该矿井水处理厂设有化验室，对水样及时进行化验，并配备有浊度计和 pH 计等常规监测仪器，

图 5-3　高分子电解质絮凝剂的
分子式示意图[9]

可定时进行质量控制例行监测，在整套工艺流程中并未设计自动化控制装置。该处理厂位于严寒地带，全套工艺和处理装置都置在有采暖系统的厂房内，厂房占地面积约 $2700m^2$（$90m \times 30m$）。

雅尔库塔矿区北方矿矿井水处理厂有以下特点：①处理工艺全过程为自流式，设计上利用液体由高向低流动的原理，合理安排各个工艺阶段的自流过程，减少了矿井水处理过程中的耗能。②工厂、厂房化，厂内设备管线布置紧凑、清晰，方便安装和检修。③设备体积相对较小，节约了占地面积。④悬浮物沉淀池（即澄清池）及选择的絮凝剂符合当地矿井水处理实际情况，达到了较好的处理效果。

3. 日本 Yanahara 矿矿井水处理利用实例

日本 Yanahara 矿矿井水受到酸性物质的浸溶，矿井水中含有较高的 Cu、Pb、Zn 等重金属元素。因此，该矿矿井水中 SO_4^{2-} 含量较高。由表 5-1 可知，日本 Yanahara 矿矿井水的 pH 较低，Fe^{2+}、总 Fe、Cd^{2+}、Cu^{2+}、Zn^{2+}、Mn^{2+}、总 As 含量都比较高，必须经过处理达标后才能外排或回用。

表 5-1 日本 Yanahara 矿矿井水水质特征[2]

温度/℃		20
pH		2.5~2.65
成分含量/(mg/L)	Fe^{2+}	171~303
	总 Fe	693~815
	Cu^{2+}	41.5~52.1
	Zn^{2+}	9.4~16.8
	Cd^{2+}	0.81
	Mn^{2+}	7.4
	总 As	0.21

硫酸盐还原菌（脱硫弧菌）能使 SO_4^{2-} 在厌氧环境下转化为 S^{2-}，而 S^{2-} 与 Cu、Pb、Zn 等重金属元素容易结合形成溶解度很小的硫化物沉淀，因此可以利用固液分离方法，使矿井水中的重金属元素被去除。

Yanahara 矿中一般含重金属矿井水的 pH 较低，所以该方法首先加入 $CaCO_3$ 中和矿井水，通入 N_2 脱去水中的 CO_2；其次将矿井水通入含有脱硫弧菌的厌氧流化床反应器中，并投加酵母、乳酸钠和无机物以保证脱硫弧菌有足够的营养生存，在流化床反应器中 SO_4^{2-} 被转化为 S^{2-} 并与重金属离子结合形成沉淀；最后出水经过混凝、沉淀、过滤处理后外排。经上述矿井水处理工艺流程后，绝大部分重金属离子形成硫化物沉淀被去除，出水中 $Fe^{2+}<$ 1.0mg/L、$Zn^{2+}<$ 0.2mg/L，其他金属元素也都达到了日本的排放标准。此外，出水水质中化学需氧量较高，为 $800\sim1000$ mg/L，主要是在流化床工艺中添加营养物质导致的[2]，因此需要经过好氧生物处理后再排放。利用生物法处理含重金属矿井水，其工艺流程如图 5-4 所示。

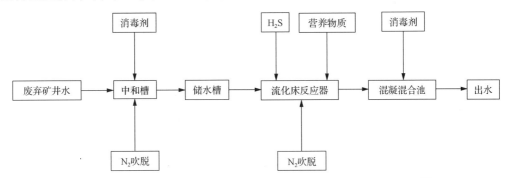

图 5-4 日本 Yanahara 矿利用生物法处理含重金属矿井水工艺流程[2]

含重金属矿井水经过化学沉淀处理后形成的污泥的重金属浓度往往较高，如果处理后污泥不考虑回收或无害化处理，容易导致二次污染，所以，对含重金属矿井水处理后产生的污泥进行处理具有实际意义。主要有以下四种方法。

1)水泥固化处理法

水泥固化处理效果受到水泥用量及混合材料(包括砂石、石灰、芒硝、明矾、石膏、氯化钙、表面活性剂等)的种类和数量对污泥固化产物的压缩强度和浸出率的影响。水泥固化的主要缺点是增加废物的体积，使废物处置量和费用相应增加。

2)烧结固化处理法

烧结固化处理方法是将含有铬元素的污泥同煤和沥青两种碳化剂按适当的比例混合后，在 $800\sim1000$℃条件下烧结，污泥表面形成的包裹层可防止铬的溶出。试验表明，将含铬污泥放置于含有稀酸液(0.1%盐酸)和稀碱液(0.1%氢氧化钠)的溶液中浸出，铬元素基本不溶出。在 1250℃以上的高温下烧结，氧化铬与碳反应部分形成不溶性的碳化铬[2]。

3)沥青固化处理法

将含有重金属(如砷等污染物)的污泥与乳化沥青及絮凝剂混合进行絮

凝和固化处理。试验表明，把 100 个单位的含氯化汞为 100mg/L 的污泥(含水为 80%)，与 1 个单位的十二烷基硫醇和 3 个单位的阴离子乳化沥青混合，反应后析出的水透明且不含有汞，水可通过分离排出，而汞被牢牢地固定在沥青固化产物之中。

4)重金属固定剂处理法

重金属固定剂处理是指利用 ALM-600 型系列选择性重金属固定剂进行处理的方法，其具有反应速率快、固定性能强、固定效果持久等特点[2]。先向含有可溶性重金属的污泥中加入这种固定剂和改性分子凝聚剂，然后通过固液分离，将达标后的水排放。利用该固定剂在一定条件下处理重金属可将重金属离子降到比排放标准低两个数量级的水平。

第二节　国外废弃矿井水资源化利用技术对我国的启示

水资源是人类赖以生存和发展的基石，工业化进程加快、人口激增、生态环境被破坏等因素,导致水资源短缺问题日益严重,已经成为全球性问题,世界各国都在加紧研究节水、用水的技术和措施。我国是一个水资源严重缺乏的国家，人均水资源占有量仅为世界人均占有量的 25%，是世界上人均水资源量最贫乏的国家之一。并且我国的水资源在空间上分布极不均匀，北方地区干旱少雨，其水资源量仅占全国水资源总量的 20%，而北方地区的煤炭资源比重占全国的 80%，缺水问题十分突出。有关资料显示，我国约有 70%的煤矿面临缺水，有 40%的煤矿严重缺水，但我国每年煤矿矿井水排放量高达 45 亿 m^3，而实际利用率只有 43.8%[10]，废弃矿井水的无序排放不仅浪费了大量水资源，而且含有污染物的废弃矿井水还对周边环境造成了污染。因此，合理利用废弃矿井水是缓解我国煤矿矿区缺水问题和保护生态环境的最佳途径，其能够使经济效益、环境效益、社会效益三者有机统一起来。目前，国外对废弃矿井水资源化利用研究已经取得了许多成果，给我国的废弃矿井水资源化研究和应用带来了很多启示。

20 世纪 70 年代，我国开始对废弃矿井水资源化利用技术进行研究与应用，近年来，随着我国经济的快速发展和科学研究的不断深入，水资源需求增加，环保要求提高，废弃矿井水资源化利用得到了快速发展，利用规模不断扩大，技术水平大大提高，处理成本有所下降，加快了煤矿企业对废弃矿井水资源化利用技术的应用，某些矿区的废弃矿井水利用率已达到较高水平，取得了显著的效益，积累了宝贵的经验。但整体上我国废弃矿井水资源化利用水平不高，发展不平衡，高排放、低利用的现象依旧存在。因此，我国在废弃矿井水资源化利用中仍然存在一定的问题。

(1)废弃矿井水资源化利用的重要性没有得到充分重视。废弃矿井水是煤矿开采过程中产生的伴生资源，在传统计划经济思维的影响下，煤矿重视采矿业而忽视伴生资源的合理开发利用的现象依然没有改变。因此，废弃矿井水没有被视为矿区发展循环经济、保护生态环境、实施可持续发展战略的重要资源。废弃矿井水的水质和水量没有得到全面而系统的研究和分析，使得废弃矿井水的处理工艺针对性不强，设计不完善，在运行过程中发现了许多问题，处理效果不理想。

(2)宏观上废弃矿井水资源化利用缺乏政策支持和激励性措施。目前废弃矿井水资源化利用缺少系统的废弃矿井水开发利用发展规划，煤矿企业完全是在依靠市场运作驱动来开发利用废弃矿井水资源，导致动力不足。并且受到如下几个方面的制约：①水资源的供销属于城市行政部门管理，很多地方的供水规划中不包含废弃矿井水利用这一部分，不允许矿区向外部供水，煤矿自身用水也受到一定的限制，影响了企业对废弃矿井水利用的发展；②水资源利用受水利部门管理，如果煤矿企业利用废弃矿井水，就需要缴纳相应的水资源费；③废弃矿井水排放受环保部门管理，如果直接排放会对煤矿企业收取排污费，若对其进行资源化利用，又要收取水处理费。因此，上述管理政策与措施使得煤矿企业资源化利用矿井水时左右为难，从而影响了煤矿企业资源化利用废弃矿井水的积极性。同时，针对废弃矿井水资源化利用缺乏法律、法规的支持与指导。虽然国家高度重视合理利用水资源、节约用水、提高水资源的利用效率，并采取了一系列相关措施来缓解我国的水资源短缺情况，但至今我国没有出台关于水资源综合利用的法律，缺乏相关法律法规来规范和引导废弃矿井水的资源化利用[11]。

(3)缺乏先进、适用的废弃矿井水处理技术和设备。同其他水处理行业相比，废弃矿井水资源化利用的技术和设备还不够完善。有关设计单位没有按照因水制宜、因地制宜的原则进行设计，对废弃矿井水水质和矿区环境缺乏足够的了解，往往照搬城市自来水厂的设计参数，导致废弃矿井水处理水量和水质达不到设计要求，并存在施工周期长、工程投资较大、占地面积大等问题。此外，在废弃矿井水处理中关于自动控制和自动检测技术方面的研究与开发较少，采用的设备以自来水厂的成熟设备为主，很少有适用于废弃矿井水质特点的专用水处理设备。目前煤矿企业和相关的科研院所已研发和推广了一批废弃矿井水资源化利用的技术成果，取得了许多成功的经验。不过随着煤炭行业现代化建设速度的加快和对废弃矿井水处理要求的不断提高，废弃矿井水处理工艺、技术及设备等均需要进一步研究并加以完善。

(4)资金投入不足，规模示范不够。废弃矿井水资源化利用工程设施建设需要投入大量的资金，资金短缺严重制约着废弃矿井水资源化利用工程的建设。规模较小的废弃矿井水资源化利用工程的综合成本过高，煤矿企业无法获得相应的经济效益，而且所取得的环境效益也远远达不到预期。此外，在废弃矿井水资源化利用技术上的科研投入也不足，仅仅依靠某些单位分散地进行研究探索，进展缓慢。

(5)缺少标准统一的技术规范。目前，我国废弃矿井水资源化利用技术和管理尚无国家标准，废弃矿井水处理过程和出水水质缺乏监督管理，导致废弃矿井水处理不规范[3]。

(6)煤矿企业管理措施不到位。对于矿区废弃矿井水资源缺乏统一管理和整体规划，不能做到分质供水。对于废弃矿井水的处理程度、规模、复用、管网布置等规划不到位。另外，我国煤矿的职工大多以采矿、土建、机电等专业人员为主，缺少环保专业人员负责环保方面的工作，并且管理和控制废弃矿井水处理的给排水专业技术人员也十分缺乏，负责设备操作的工人部分未经过专业培训。从企业领导到技术人员再到工人对废弃矿井水的处理工艺都不精通，不利于设备的运行管理，不能及时发现和解决废弃矿井水处理过程中的问题，限制了一线技术人员对工艺的创新。

结合我国实际问题和国外先进经验，发展废弃矿井水资源化利用应该坚持以下原则：①坚持节约为主，因地制宜，依据废弃矿井水水质，选择适用的废弃矿井水资源化利用技术的原则。煤矿企业应该以节约用水为主，不断提高水资源利用率。由于不同地区、不同矿区的废弃矿井水涌水量和水质状况差异较大，应当结合实际情况，因地制宜地制定废弃矿井水利用规划。②坚持经济、社会和环境三效统一的原则。应该充分考虑到废弃矿井水的资源化处理能够增加煤矿企业的盈利，缓解或解决矿区的缺水问题，避免直接外排污染环境，达到经济、社会和环境效益的统一。③坚持创新原则。从废弃矿井水实际处理过程中发现问题,改进工艺,借鉴先进经验,研究新材料、新技术,使废弃矿井水处理设备向小型化、自动化、智能化、经济化方向迈进,通过不断创新普及废弃矿井水资源化利用技术。

综合考虑我国废弃矿井水资源化利用的现状,应从改进技术和完善政策两方面促进废弃矿井水开发利用。

1)改进技术方面

(1)开发废弃矿井水处理新工艺。废弃矿井水中的悬浮物质主要由煤粉、岩粉等组成,多数矿区采用混凝沉淀的方式加以去除。同时,在煤矿开采过程中不可避免地会将废机油、乳化油等混入废弃矿井水中,这些有机物的物理化学性质不同于其他悬浮物质,不能采用混凝沉淀的方式来除去,给废弃矿井水的净化处理造成了困难。因此,需要在处理工艺中增加油类物质的去除工序,目前以投加药剂和吸附方式最为常用,但对其实际的处理效果尚不清楚,需要通过试验或工程实践来判别两种方法各自的处理效率和优缺点[12]。目前在用的废弃矿井水处理的设备和构筑物有体积庞大、占地面积大的缺点,因此,有必要研发一种新型的高效水处理净化装置,尤其是适用于井下的废弃矿井水处理设备,可将小水量的废弃矿井水在井下进行净化处理,直接用于井下作业用水,减少地表占地面积,节约投资成本。此外,对废弃矿井水处理量较大的矿区来说,则需要研发一种能根据废弃矿井水中悬浮物含量的变化而调整混凝剂投加量的自动投药系统,可改善出水水质,节省药剂,具有较好的经济效益[13]。

(2)研发高效废弃矿井水处理净化药剂。目前,常用的混凝剂均为铝盐、铁盐及其聚合物,尽管近年来出现了不少新型净化药剂,但受处理效果和成本等综合因素的影响,新型药剂还是无法取代传统药剂长期的市场主导地位。与混凝剂不同,市场上出现了很多新型助凝剂,并且不同水质有不同的助凝剂,因此,根据废弃矿井水的水质特点,开展相关助凝剂的研究仍有很大的发展空间。例如,针对废弃矿井水中含有较多煤泥的特点,采用高分子絮凝剂与铝盐类无机混凝剂配合投加,不仅改善了废弃矿井水的净化处理效果,还使混凝剂的投加量大大减少,从而大幅降低了处理成本。最近国内外的研究表明,含活性硅酸的碱式多核羟基硅酸与金属盐的复合共聚净水剂(如碱式硅酸硫酸铝)的净水效果比较好,具有较好的应用前景[13]。

(3)深入研究废弃矿井水中酸性和硬度物质的去除。目前,反渗透是处理高矿化度矿井水的主流方法，但从使用情况来看还存在不少问题，首先，反渗透膜的脱盐率和水的回收率有待提高；其次，反渗透膜容易结垢和损坏，需要定期更换，而反渗透膜的价格偏高，因此进一步深入研究反渗透膜，对提高处理高矿化度矿井水处理效果，降低成本具有重大意义。石灰石法中和酸性矿井水是目前煤矿企业最常用的方法之一，其主要优势是处理成本低，但工艺控制条件要求严格，投加量难以控制，另外，石灰石法劳动环境恶劣。近年来，随着工业自动化程度的提高，逐步实现了自动化控制投加石灰石和药剂。在实际工作中还发现投加石灰石不仅可以中和酸性矿井水，而且可以使微量放射性物质与碳酸钙形成沉淀而被去除，从而为处理废弃矿井水中的放射性物质开辟了一条新的途径[12]。此外，生物技术在降低处理费用和节省人工方面也具有潜在优势，是废弃矿井水资源化处理技术未来的发展方向之一。

2) 完善政策方面

(1) 完善政策法规，拓宽融资渠道，制定废弃矿井水资源化利用激励政策。研究制定相关产业政策、财税政策和其他扶持政策，并完善相关法律，促进废弃矿井水资源化利用。各级政府要加大对废弃矿井水资源化利用的支持力度，积极支持废弃矿井水利用技术的研发及工程项目建设。拓宽融资渠道，由政府引导，遵循"谁投资、谁受益"的原则，吸引社会各界和广大企业投资建设废弃矿井水利用项目，对于参与废弃矿井水开发利用的相关企业予以税收优惠等。要求有废弃矿井水地区的企业，尤其是电力、化工等耗水量大的企业，在新建或扩建生产用水项目时，优先考虑利用废弃矿井水或鼓励其与矿区共同开发利用废弃矿井水，共同开展废弃矿井水利用工程的建设，使废弃矿井水资源得到充分而有效的利用。

(2) 健全标准体系。研究建立废弃矿井水利用标准体系和监督管理体系，研究制定废弃矿井水利用技术标准和管理规范，规范废弃矿井水利用工程设计和生产过程。建立废弃矿井水利用的生产工艺、药剂和出水质量的检查监督体系，加强生产过程和出水质量的监管，使废弃矿井水的利用规范有序。

(3) 统筹规划，将废弃矿井水利用纳入矿区发展的总体规划中。对矿区内的地下水资源进行评估，在矿区矿井的规划设计阶段，将井下排水作为水资源来开发利用，把废弃矿井水的综合利用作为解决矿区缺水问题的重要措施，确保实现各重要矿区的废弃矿井水资源化利用规划目标。在生活用水紧缺的矿区，应优先考虑对废弃矿井水进行深度处理，解决矿区职工和居民的生活用水问题，确保用水安全。并且充分利用废弃矿井水资源，逐步实现废弃矿井水有效代替地表水资源，将废弃矿井水利用变成改变和优化矿区当地用水结构的有效途径。以提高废弃矿井水资源化利用水平为目标，坚持统筹规划、合理利用的方针，坚持走市场为导向、企业为主体的道路，加强宏观调控和政策引导，相信废弃矿井水资源化利用将具有更广阔的前景。

(4)加大技术创新力度。加大废弃矿井水资源化利用技术研发力度，注重自主创新，重点研发具有自主知识产权的关键技术。加强相关技术创新能力建设，建立以企业为主体的技术创新体系，推动"产学研"的联合，促进废弃矿井水利用科技成果的转化。集中资金和人力进行废弃矿井水科研试验，对废弃矿井水情况做全面而系统的调研和分析，对各类废弃矿井水进行分析并进行长期观测试验，研究其变化规律和资源化利用的潜力和技术。组织科研院所对重大技术进行攻关，组织实施废弃矿井水利用的重要示范工程建设和在重要产矿区的推广适用，关注严重缺水矿区及大涌水矿区矿井水利用技术的研究和发展，不断扩大废弃矿井水资源化利用规模，提高废弃矿井水利用率。

总之，目前我国的废弃矿井水资源化利用已具备一定的发展基础。由于煤矿企业产业链的不断升级延伸，废弃矿井水资源化利用的市场需求和潜力也在不断增加，煤矿企业废弃矿井水利用规模逐步扩大，废弃矿井水利用成本有所下降，经济效益得到进一步提高，这为煤矿企业大规模开发利用废弃矿井水资源提供了有利的环境。

参 考 文 献

[1] 崔玉川, 曹昉. 煤矿矿井水处理利用工艺技术与设计. 北京: 化学工业出版社, 2015.

[2] 王春荣, 何绪文. 煤矿区三废治理技术及循环经济. 北京: 化学工业出版社, 2014.

[3] 袁航, 石辉. 矿井水资源利用的研究进展与展望. 水资源与水工程学报, 2008, 19(5): 50-57.

[4] 张仁瑞, 杨伟华, 郭中权. 国外缺氧石灰石沟法处理酸性矿井水. 煤矿环境保护, 1998, 12(1): 38-39.

[5] 劳善根, 胡宏, 吴顺志. 矿井水处理的新途径. 煤矿环境保护, 1996, 10(5): 26-28.

[6] 向武. AMD 处理技术及其进展. 有色金属矿产与勘查, 1998, 7(4): 60-62.

[7] 桂和荣, 姚恩亲, 宋晓梅, 等. 矿井水资源化技术研究. 徐州: 中国矿业大学出版社, 2011.

[8] 谢晓文. 介绍美国一座全自动的煤矿酸性废水处理厂. 建筑技术通讯(给水排水), 1982, (2): 45-46.

[9] 俄罗斯矿井水处理考察组. 关于对俄罗斯雅尔库塔矿区矿井水处理的考察报告. 煤矿环境保护, 1994, 8(6): 2-6.

[10] 徐建文, 于东阳, 孙康. 我国煤矿矿井水的资源化利用探讨. 江西煤炭科技, 2010, (3): 92-94.

[11] 何绪文, 杨静, 邵立南, 等. 我国矿井水资源化利用存在的问题与解决对策. 煤炭学报, 2008, 33(1): 63-66.

[12] 高亮. 我国煤矿矿井水处理技术现状及其发展趋势. 煤炭科学技术, 2007, 35(9): 1-5.

[13] 朱德仁, 陈明智. 矿井水污染控制及资源化. 中国人口·资源与环境, 1997, 7(4): 82-85.

第六章

废弃矿井水再利用优选方法体系

我国最近几年对矿产资源高强度的开采给社会带来了一系列亟待解决的环境问题，对地面造成了大面积的破坏，使地面出现许多范围较大的地裂缝，图 6-1 为宁夏某采煤塌陷区产生的地裂缝，严重威胁周围居民的安全。矿区周围还会形成大面积的地面塌陷区。图 6-2 为内蒙古自治区呼伦贝尔市某矿区由煤矿开采而造成的地面塌陷。采矿造成的地裂缝和地面塌陷不仅严重破坏了矿区的土地资源和植被，而且对周围居民的生命健康造成了严重的威胁，居民被掩埋于塌陷区的事故在许多矿区都频繁发生。高强度的采矿活动还会对矿区的水资源和大气造成严重的污染，加剧了我国日益严重的环境问题。另外，废弃矿山周围高含量的重金属元素也是威胁矿区生态环境的重要因素，而且重金属元素会通过对土地和水资源的污染间接通过食物链对居民的身体健康造成危害，重金属元素对环境和居民的危害都是隐蔽的、长期性的，而且不易被察觉的，一旦被发现就已经造成了不可逆转的破坏，所以重金属元素是矿区最具有危害性的因素之一。由此可以看出，采矿活动留下的废弃矿山带来了非常严重的环境问题，为了顺应我国建设生态文明的时代潮流，加大对废弃矿山的开发利用是我国实现生态环境文明的关键。针对我国废弃矿山的地质条件和我国经济社会的发展现状，提出了几种可以同时利用废弃矿井水及废弃矿山的方法，如建造煤矿地下水库、地下水污水处理中心和抽水蓄能电站等。

图 6-1　宁夏某采煤塌陷区产生的地裂缝

图片来源：宁夏新闻网. 石嘴山市惠农采煤塌陷区治理. (2012-02-09) [2019-04-25].
http://www.er-china.com/PowerLeader/html/2012/02/20120209130404_1.shtml

图6-2 内蒙古自治区呼伦贝尔市某矿区由煤矿开采而造成的地面塌陷

图片来源：法制周末.内蒙呼伦贝尔草原疑因无序采矿出现上千沉陷坑.(2012-09-12)[2019-04-25].
http://finance.sina.com.cn/china/dfjj/20120912/065713113182.shtml

　　因为不同的矿山具有不同的地质条件，所以不同的矿山的再利用方法也会不同，为了能够更好地处理不同矿山和矿井水的再利用问题，我们需要建立一个比较完善的、包含各种情况的废弃矿井水再利用优选方法体系。本书首先通过鱼骨图分析法，对废弃矿山周围的地质环境的各个因素进行分析，进而对废弃矿山进行分类，分别对其实施不同的再利用方法。其次在此基础上建立一个初步的指标体系，从而可以通过输入地质条件快速获得对应的处理结果。再次对于指标体系用神经网络的方法进行机器学习，并使用 BP（back propagation）算法对其进行优化，其基本思想是梯度下降法，利用梯度搜索技术，以期使网络的实际输出值和期望输出值的误差均方差为最小。最后使计算机能够学习该指标体系的规则，使得之后输入相应的值可以让计算机输出近似的结果，提高模型预测的精确度及工作效率。

第一节　废弃矿井水再利用方法

一、建立煤矿地下水库

　　地下水库是由地下砂砾石孔隙、岩石裂隙或溶洞所形成的，或建筑地下截水墙，截蓄地下水或潜流而形成的有确定范围的贮水空间，它是集地下水人工补给、水资源地下水储存与人工开采于一体的系统工程[1]。日本是最早开始探索修建地下水库的国家，1972 年提出了在栃木县地下修建防渗墙来储存地下水。图 6-3 和图 6-4 为日本东京修建的地下水库，建造于 1992～

2006 年, 耗资 30 亿美元, 堪称世界上最先进的下水道排水系统。全长 6.4km, 排水系统包括 5 个高 65m、宽 32m 的巨型竖井, 竖井之间由内径约 10m 的管道连接起来。前 4 个竖井中导入的洪水通过下水道流入最后 1 个竖井, 集中到由 59 根高 18m、重 500t 的大柱子撑起的巨大蓄水池中。

图 6-3　日本东京修建的地下水库(地下 50m 深处的混凝土立坑, 每个混凝土坑高 65m, 宽 32m)
图片来源: 姜堰立新. 日本东京的地下大水库. (2016-07-20) [2019-04-25].
http://blog.sina.com.cn/s/blog_6727847b0102ypqt.html

图 6-4　日本东京修建的地下水库(通往地下的阶梯)
图片来源: 姜堰立新. 日本东京的地下大水库. (2016-07-20) [2019-04-25].
http://blog.sina.com.cn/s/blog_6727847b0102ypqt.html

日本提出建设地下水库的设想后不久，我国也积极开展了对地下水库的研究，1975 年在河北修建了南宫地下水库，可以用于南水北调的调蓄工程。之后我国又陆续修建了一系列地下水库，为我国开发利用地下水资源提供了新的思路和途径。

修建地下水库需要足够大的地下空间，废弃矿井便成了修建地下水库的新选择。煤矿开采后会形成大面积的采空区，矿山停止开采或关闭以后，对采空区上覆岩层的扰动结束，采空区就会趋于稳定状态，形成较大的空隙空间。煤矿开采过程中形成的裂隙就成了导水裂隙带，为地下水提供了良好的径流通道，大量的地下水顺着导水裂隙带在采空区汇集。矿井地板的不透水性，为地下水的储存提供了条件。但是，采矿形成的采空区往往不能直接用来当作地下水库的储水空间，需要对其进行一定的改造才可以用来修建地下水库，需要将安全煤柱用人工坝体连接形成水库坝体，同时建设矿井水入库设施和取水设施，充分利用采空岩体对矿井水的净化作用，建设煤矿地下水库。当废弃矿山周围有多个煤矿时，不同煤矿的开采时间不同，有的煤矿已经停止开采，有的煤矿正在开采，有的煤矿或许在计划开采，此时就可以在不同矿区的采空区之间修建一条通道，方便不同采空区根据矿区的开采状态进行调用，有利于实现地下水库分时分地进行储水。另外，可在地面建立相应的抽采回灌工程，实现矿井水的抽采利用与回灌储存，形成煤矿地下水库系统[2]。

煤矿地下水库的优势有以下几个方面：①建设投资少，有现成的储水空间，如果需要修建水坝，也是建在地层中，在有围限的双向受力条件下，地下水库对水坝强度的要求较低[3]，比起在地面上建造水库可以节省很多材料，工程造价低，施工工艺也比在地表修建水库要简单得多。②由于水库是建立在地下的采空区，不会占用地面的土地面积，矿区的地表土壤进行治理后仍然可以用作农田或者修建生态景观。如图 6-5 所示，宿州对开采数十年的矿区进行积极的治理，还给了百姓一个绿水青山的环境。因此修建煤矿地下水库可以更好地利用矿山的土地资源与矿井水资源。③安全性高，不用考虑水库有可能对下游产生的洪水威胁，不会发生溃坝等事故，也无需考虑地震等自然灾害对水库的影响。④蒸发的水量小，由于水库位于地下，不出露于地表，不会受到阳光照射且温度低，蒸发量比地表水库小得多。⑤不会产生严重的泥沙淤积问题。即使会有部分泥沙淤积，通过合适的引渗方法也可以将泥沙引渗到农田供农作物种植使用。

图 6-5 矿区生态恢复景观

图片来源：韩雪. 宿州：综合治理矿山生态环境 让绿色永留生活.(2016-06-14) [2019-04-25].
http://ahsz.wenming.cn/jwmsxf/201606/t20160614_2622679.html

煤矿地下水库的修建条件如下：

(1)煤层倾角不宜过大，最适宜修建煤层地下水库的矿区的煤层倾角为 2°～8°，倾角越小，地下水库的储水能力越大。对于倾斜程度较大的煤层也可以修建地下水库，但是其储水能力较小，可以通过建设阶梯水库来扩大其储水能力，但这样会增大工作量，成本较高。

(2)由于地下水库周围的坝体都是由开采煤层周围的围岩改造而成的，当开采煤层的硬度越大时，围岩就越稳定，硬度就越高，地下水库的安全性就越高。

(3)矿井的水文地质条件为中等或者中等以下，矿井的涌水量要适中，不宜太小也不宜太大，如果太小，则没有足够的矿井水，无法形成地下水库；如果涌水量比较大，那么很容易将地下水库注满，一旦被注满就不能再容纳更多的矿井水，就无法实现矿井水资源的循环利用。

(4)煤层底板岩层的渗透性低，不能使矿井水通过底板继续下渗，这样会造成矿井水资源的流失。

(5)煤矿的开采方式可以是井工开采或者露天开采，但是对顶板必须采用全部垮落法进行管理。因为煤矿地下水库对矿井水净化的核心原理是利用采空区矸石与矿井水之间的反应将矿井水进行过滤处理。

二、建立地下水污水处理中心

我国污水处理中心大多是地上建筑，占用了大面积的土地资源，而且收集的污水需要通过管道运输到污水处理厂，输送管道的建设将破坏穿过的土地、河流等生态系统[4]，而且污水处理过程中会产生大量富含有毒物质的污泥，处理不当会给环境及居民造成巨大的危害。总之，地上污水处理厂虽然解决了水质污染的问题，但是也带来了一系列其他生态环境问题，而我国已经具有了比较成熟的地下施工技术，因此我国现在已经在积极研究建设地下污水处理中心，如图 6-6 所示。废弃矿山具有大面积的采空区，为建造地下污水处理中心提供了厂址，而且建立污水处理中心后，可以直接对废弃矿山中的矿井水进行净化处理，这样既可以利用废弃矿山的空间土地资源，还可以提供一种治理废弃矿井水的方法，为我国废弃矿山的治理提供了一种新途径。

图 6-6　地下污水处理中心

图片来源：天府发布. 快看！天府新区这座水厂暗藏玄机！(2019-05-23)[2019-05-25].
http://www.sohu.com/a/316014120_670423

地下水污水处理中心的优势如下所述：

（1）占用空间少，节约土地资源。将污水处理中心建立在废弃矿山的采空区内，节省了地表的土地资源，而且无需考虑绿化及隔离等要求，大大节省了土地资源。地下污水处理中心一般采用膜生物反应器技术进行污水处理，这一技术的优点就是不会占用大面积的土地资源。例如，荷兰鹿特丹 Dokhaven 地下污水处理中心占地面积仅为传统工艺的四分之一，日本神奈川县夜山镇地下污水处理中心占地面积仅为地上污水处理厂的三分之一[5]。

(2)环境污染小。因为地下污水处理中心的设备都在地下，污水处理过程中产生的污泥、污浊气及噪声等基本不会对地表的生态环境及居民造成影响，具有环保效益，符合我国现在加强生态文明建设的目标。

(3)地下一般具有较为恒定的温度，污水处理效果更佳。在我国北方，冬天气温寒冷，许多生物失去活性以至于生物污水处理技术的效率大大降低，而在地下常年温度较为恒定，温差小，容易维持生物的活性，可以保证生物处理技术稳定进行。

(4)可以提升土地价值，由于地下污水处理中心大部分设施位于地下，只有一部分辅助设施位于地表以上，其地表上部空间可以建成花园景观，或者与地下污水处理中心结合建立生态农业，甚至也可以与周边的居民环境相结合，与周边的区域功能形成互补，建立一个集休闲、运动、文化于一体的人文生态公园，如图 6-7 所示，具有环境和社会的双重效益。

图 6-7 地下污水处理中心景观设计

图片来源：中国水网. 地下污水处理厂的景观设计——以方庄污水处理厂景观设计为例.(2015-09-11)[2019-05-25]. http://www.h2o-china.com/news/230409.html

地下污水处理中心的修建条件如下所述：

(1)容易开挖的地质条件。在废弃矿山中已经形成了较大面积的采空区，已经具有修建地下污水处理中心的空间条件。

(2)与居民住宅区具有一定的距离，以防止地下污水处理厂产生的废气及有毒有害物质影响居民的身体健康。

(3)合理设计地下污水处理中心的埋置深度。地下污水处理中心埋置深度的设计是修建污水处理中心的关键工作,因为其埋置深度决定了工程投资的多少,合理的埋置深度可以大大节约工程投资,因此,根据不同的工程地质条件确定合适的埋置深度至关重要。

地下污水处理中心的设计是非常灵活的,对于不同的地质及围岩条件,可以设计不同的地下污水处理厂的结构,所以在大部分废弃矿山中均可以选择修建地下污水处理中心来利用废弃矿山及废弃矿井水。

三、建立抽水蓄能电站

随着我国经济和社会的快速发展,各种现代化设施层出不穷,对电力的需求也越来越高,越来越多的能源被用来发电,如风电、核电、火电、水电及太阳能发电等,但是太阳能发电和风能发电都受季节、地点、气候等因素的影响,具有随机性、间接性和波动性的特点,不能够稳定地供应电量,而常规的火电和核电也需要大规模蓄能发电设施进行经济调峰[6],而且火电和核电难免会对环境造成一定的污染。而抽水蓄能电站既可以满足持续稳定供应电量的要求,也不会对环境造成污染。抽水蓄能电站利用电力负荷低谷时的电能将水抽至上水库,在电力负荷高峰期再放水至下水库发电的水电站,又称蓄能式水电站。它可将电网负荷低时期的多余电能,转变为电网高峰时期的高价值电能,还适用于调频、调相,稳定电力系统的周波和电压,且宜为事故备用,还可提高系统中火电站和核电站的效率。我国抽水蓄能电站的建设起步较晚,但由于后发效应,起点较高,近年建设的几座大型抽水蓄能电站技术已处于世界先进水平。

根据供电系统的历史和经验,抽水蓄能电站是电力系统中最稳定、最经济、安全性最高、技术最成熟的供电系统。截至 2018 年 10 月,我国已建成抽水蓄能电站 34 座,在建的抽水蓄能电站有 26 座[7],这些还不能满足我们国家对电力的需要,但是适合修建抽水蓄能电站的场址越来越少,抽水蓄能电站的选址越来越困难。因此,我们必须要探索新的抽水蓄能电站形式。在我国,矿产资源丰富,尤其是煤炭资源的开采量巨大。但随着我国能源结构调整及煤矿资源的枯竭,越来越多的矿山关闭或者废弃。然而这些废弃矿山大部分都有大面积可以利用的采空区,采空后会造成地表塌陷并形成积水,可以将地表塌陷带水体作为上水库,地下绵延几十公里的巷道作为下水库,利用上下水库的势能差修建抽水蓄能电站,如图 6-8 所示。这不仅是对抽水蓄能电站新形式的探索,而且是解决废弃矿山生态环境问题的有效举措。废弃矿井中抽水蓄能电站需要的水轮机、水泵及输配电系统等都已经具备成熟的技术,难点在于如何利用好地下的废弃巷道,建成能蓄水、密闭性好、稳定性高的抽水蓄能电站的蓄水库,近几年,这个问题已经得到了突破性的进展。国家能源投资集团有限公司已经在神东大柳塔煤矿建成了煤矿分布式地下水库,为抽水蓄能电站蓄水库的修建提供了技术支持和经验支撑,使得在废弃矿区修建抽水蓄能电站具备了充分的可行性。

图 6-8 抽水蓄能电站

图片来源:中国葛洲坝集团有限公司. 扛起水电"皇冠上的明珠"——葛洲坝集团参与我国抽水蓄能电站建设纪实.

(2015-07-29)[2019-05-25]. http://www.cggc.ceec.net.cn/art/2015/7/29/art_6857_350434.html

在废弃矿山修建抽水蓄能电站的优势如下所述:

(1)为抽水蓄能电站的选址提供了新的思路,拓宽了抽水蓄能电站的选址范围,解决了我国抽水蓄能电站选址困难的问题,还可以使矿区由耗电耗能区域转变为能量供应区域。

(2)有助于我国资源枯竭型城市的转型。近年来我国对矿产资源高强度的开采活动,导致我国许多资源型城市正面临着资源枯竭的问题,而且矿产资源开采造成的环境问题也严重困扰着这些城市的发展,因此对于废弃矿山资源的再利用,促进城市经济发展的转型成为亟待解决的关键问题。在废弃矿山修建抽水蓄能电站以后,既可以充分利用废弃矿山的土地资源,又可以将废弃矿井水变废为宝,使其为我们提供源源不断的电力。另外,还可以促进矿业城市向能源城市转型,提供一种经济发展的新模式,同时也解决了矿业人口的就业问题,促进了社会的和谐发展。

(3)在废弃矿井修建抽水蓄能电站不仅能提供电量,而且在电站运行时,还可以回收发电在地下巷道中产生的热能,为周边的居民或者企业提供热能。

(4)促进矿区的生态环境恢复,实现废弃矿山资源的再利用,探索构建资源节约型社会和环境友好型社会的新路径[8]。

在矿山修建抽水蓄能电站的条件如下所述:

(1)矿山中的巷道需要具有足够的可以利用的空间。煤矿开采虽然会形成较大面积的采空区,但是由于我国煤矿大多采用垮落法处理采空区,很少有比较完整的采空区可以利用,而且由于采空区的覆岩大多存在着采动裂隙,稳定性和安全性较低,采空区一般不适合作为抽水蓄能电站的蓄水库。一般选用煤矿的地下巷道群作为抽水蓄能电站的蓄水库,因此要求废弃矿井具有较大规模的地下巷道群,即地下巷道可以利用的空间足够大。

(2)处于相同高程水平的巷道的高差要合适,如果巷道之间的高差偏小,或者巷道间的连接性较弱,那么水的流速将不能满足发电对其的要求;由于抽水蓄能电站采用的水轮机为可逆式水泵水轮机组,如果巷道之间的高差偏大,上、下水库的水位差过大,水轮机的效率将大大降低,振动强烈,甚至会出现无法抽水的现象,不能稳定供电。

(3)上、下水库之间的落差也要合适,不宜过高或者过低。抽水蓄能电站利用的水头越低,所需蓄水空间就越大[7],而废弃矿井的蓄水空间往往是有限的,所以上、下水库之间的高差不能过小。上、下水库之间的高差也不能过大,因为高差过大时对水轮机组的要求较高,不仅会增加修建成本,而且矿井中的机组一般转速高、容量小、台数少,不能使用功率过大的机组。

第二节 确定废弃矿井水再利用方法的影响因素

一、鱼骨图分析法

鱼骨图分析法是一种用来发现问题根本原因的方法,因此也可以被称为因果分析法。用鱼骨图分析法分析问题时需要绘制鱼骨图。鱼骨图是由日本的石川馨发明的,所以鱼骨图又叫作石川图。鱼骨图又分为整理问题型鱼骨图、原因型鱼骨图、对策型鱼骨图三种。使用鱼骨图可以将复杂的问题清晰化、定量化,帮助人们更加科学有效地找到问题的关键原因。鱼骨图反映的因果关系更加直观、层次分明、条例清楚,使用起来方便、有效,因而它成了很好的分析问题的原因的工具。

二、利用鱼骨图分析法确定废弃矿井水再利用方法的影响因素

对于不同类型的废弃矿山，我们要采用的处理方法是根据矿山的水文地质等条件选取最适合的方法。我们需要先找出影响废弃矿山治理方法选用的关键性因素，然后根据每个矿山不同的情况选择不同的再利用方法。为了找到影响废弃矿山治理方法的关键因素，可以将鱼骨图分析法作为工具，将废弃矿山治理方法作为要解决的问题，然后分析其主要原因。

利用鱼骨图分析法确定影响废弃矿山再利用方法的主要因素的步骤如下所述：

(1)首先我们要找到影响废弃矿山再利用方法的各种因素，然后通过头脑风暴确定影响废弃矿山再利用的几种关键因素。其中头脑风暴是指召集有关专家召开关于废弃矿山再利用方法的影响因素的研讨会，由多位专家集思广益，自由发言，不受任何限制，互相启发和激励，从各种不同角度找出问题的关键性因素。

(2)绘制鱼骨图。"鱼头"表示需要解决的问题，即废弃矿山的再利用方法。根据对矿山再利用方法的综合分析，可以把影响矿山再利用方法的因素分别在鱼骨图上展示出来，将影响废弃矿井再利用方法选择的因素按其影响程度由大到小依次填写在鱼骨图的大刺、中刺及小刺上。当然每一种因素的影响程度的大小，不能是由一个人决定的，要召集大量的相关人员对每一种因素进行仔细的分析研究，群策群力。在绘制鱼骨图时，应保证代表影响程度最大的因素的大刺与鱼骨图主干呈 60°的夹角，代表影响程度次之的因素的中刺与鱼骨图的主干保持平行。需要强调的是，使用鱼骨图分析法分析问题的主要原因时，要利用知因测果或者倒果查因的方法检测二者之间的因果关系是否对应，因果常是一一对应的，不能混淆。

本书根据头脑风暴确立了几种影响废弃矿山再利用的关键因素，并将其绘制成如图 6-9 所示的鱼骨图。

由鱼骨分析图可以看出，影响废弃矿山再利用的几种关键因素分别为：废弃矿井的富水性、废弃矿山地质条件的复杂程度、埋藏深度、空间布局、高差及污染程度和煤矿的开采方式。

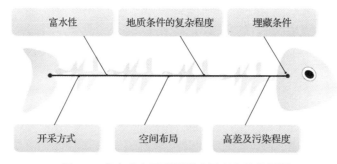

图 6-9　废弃矿山再利用影响因素鱼骨分析图

第三节　废弃矿井水再利用方法体系的建立

一、Access 数据库

Microsoft Office Access(以下简称 Access)是一款由微软开发的管理数据库各种数据之间的关系的系统,该系统在数据库的图形用户界面的基础上添加了软件开发工具,将二者进行了巧妙的结合,其开发对象主要是 Microsoft JET 数据库和 Microsoft SQLServer 数据库。但是 Access 没有局限于 JET 数据库的功能,并对其做了很多改进,例如,在 Access 数据库中,在查询功能中可以使用自定义的 VBA 函数,Access 的窗体、报表、宏和模块作为一种特殊数据存储在 JET 数据库文件(.mdb)中,只有在 Access 环境中才能使用这些对象[9]。随着 Microsoft Windows 操作系统版本的不断升级和改良,Microsoft 将 JET 数据库引擎集成在 Windwos 操作系统中作为系统组件的一部分一起发布,从此 JET 数据库引擎从 Access 中分离出来,而 Access 也就成了一个专门的数据库应用开发工具[9]。

Access 可以通过创建报表的功能来帮助其处理所有可以访问的数据。Access 提供功能参数化的查询,这些查询和 Access 表格可以被诸如 VB6 和.NET 的其他程序通过数据访问对象(data access object,DAO)或数据结构和数据的对象(activeX data objects,ADO)访问[9]。与一般的 CS 关系型数据库管理不同,Access 不执行数据库触发、预存程序或交互式登录操作[10]。在 Access 2010 中,能够在网络应用上分别开发查询、报表和图表等。但是 Access 也有局限性,如数据文件必须控制在 2G 以内,由于它的结构化查询语言的限制,不能应用于大型数据库的处理。Access 是一个可视化工具,使用起来非常方便快捷,只需要用鼠标进行拖放就可以生成对象并应用,非常直观方便。Access

还提供了表生成器、查询生成器、报表设计器及数据库向导、表向导、查询向导、窗体向导、报表向导等工具，操作简便，容易使用和掌握[11]。

Microsoft Access Basic 为使用者提供了一个非常自由灵活的开发环境。这个开发环境可以帮助我们更好地控制 Microsoft Windows 应用程序的接口，同时可以帮助我们避开使用各种语言进行开发时所遇到的麻烦。另外，Access 还包含了各种向导和生成器工具，非常有利于开发人员高效率地工作，使得建立数据库、创建表、设计用户界面、设计数据查询、报表打印等可以方便有序地进行[12]。不过许多优化和模块化的应用只有应用程序设计者才能使用，并不是所有人都可以使用。为了提高应用程序的执行速度，不仅要了解一些基本的程序设计概念，而且也要掌握和研究一些特别的存储空间管理技术，这样才能更快速地进行工作。

二、基于 Access 数据库的废弃矿井水再利用方法体系的建立

前面已经通过头脑风暴利用鱼骨图分析法确定出了影响废弃矿山再利用方法的因素，接下来就要解决什么样的废弃矿山使用怎样的再利用方法的问题。

根据前面对废弃矿山再利用方法的讨论，决定采用的废弃矿山再利用方法为建造地下水库、地下污水处理中心及抽水蓄能电站三种。根据不同矿山的不同情况选择不同的再利用方法，如果矿山能够同时满足两种或三种方法所需要的条件，可以建设两种设施甚至三位一体的综合利用设施，即既能蓄水，又能进行污水处理，还能发电的多功能设施。

根据七种影响因素将废弃矿山进行分类，将矿山富水性等级分为强、中等、弱三种；将矿山的地质条件的等级分为复杂、中等、简单三种；根据埋藏条件将矿山分为埋藏深度小于150m、150～400m 及大于 400m 的矿山；矿山的开采方式主要分为露天开采和井工开采两种；根据空间分布将矿山分为有邻矿和无邻矿的矿山；根据高差情况将矿山分为有高差和无高差的矿山；根据污染程度将矿山分为严重污染和轻微污染的矿山。

根据第一节对三种再利用方法修建条件的讨论，与这七种主要的影响因素相结合，提出每种方法的建设条件，如下所述。

上层煤地下水库选址准则：煤层底板较低处、无导水构造和不良地质条件、煤层底板岩层渗透性低、矿井水补给稳定、便于水体调用等。

下层煤地下水库选址准则:下层煤水库选址不仅要满足上层煤水库选址准则,还要保障上层煤地下水库的安全,因此必须研究掌握下层煤建库时覆岩应力场和裂隙场的变化规律,据此确定下层煤地下水库与上层煤地下水库之间的安全距离。

根据煤矿地下水库的地质勘查标准、煤矿地下水库选址与规模等级设计标准、煤矿地下水库工程物探规程等,确定地下水污水处理中心的建设条件与准则:应根据矿井地形、受纳水体的条件及环境要求等,经技术经济比较后合理确定,如地形不过于复杂,水体受污染,并且有大量用水途径;而抽水蓄能电站建设条件则为地质条件不过于复杂,水体充足,有高差。

由此,对于符合条件的矿山找出对应的再利用方法,将其汇总形成样本数据集,见表6-1。

表6-1 矿山再利用方案样本数据集

富水性	地质条件	埋藏条件	开采方式	空间分布	有无高差	污染程度	处理对策
弱	简单	<150m	井工	有邻矿	有高差	严重污染	地下污水处理中心
弱	简单	<150m	井工	无邻矿	有高差	严重污染	煤矿地下水库与地下污水处理中心
弱	简单	<150m	露天	有邻矿	有高差	严重污染	煤矿地下水库、地下污水处理中心与抽水蓄能电站三位一体
弱	简单	<150m	露天	无邻矿	有高差	严重污染	煤矿地下水库、地下污水处理中心与抽水蓄能电站三位一体
弱	简单	150~400m	井工	有邻矿	有高差	严重污染	地下污水处理中心
弱	简单	150~400m	井工	无邻矿	有高差	严重污染	煤矿地下水库与地下污水处理中心
弱	简单	>400m	井工	有邻矿	有高差	严重污染	地下污水处理中心
弱	简单	>400m	井工	无邻矿	有高差	严重污染	煤矿地下水库与地下污水处理中心
弱	中等	<150m	井工	有邻矿	有高差	严重污染	地下污水处理中心
弱	中等	<150m	井工	无邻矿	有高差	严重污染	地下污水处理中心
弱	中等	<150m	露天	有邻矿	有高差	严重污染	煤矿地下水库、地下污水处理中心与抽水蓄能电站三位一体
弱	中等	<150m	露天	无邻矿	有高差	严重污染	煤矿地下水库、地下污水处理中心与抽水蓄能电站三位一体
弱	中等	150~400m	井工	有邻矿	有高差	严重污染	地下污水处理中心
弱	中等	150~400m	井工	无邻矿	有高差	严重污染	地下污水处理中心
弱	中等	>400m	井工	有邻矿	有高差	严重污染	地下污水处理中心
弱	中等	>400m	井工	无邻矿	有高差	严重污染	地下污水处理中心
弱	复杂	<150m	井工	有邻矿	有高差	严重污染	地下污水处理中心
弱	复杂	<150m	井工	无邻矿	有高差	严重污染	地下污水处理中心

续表

富水性	地质条件	埋藏条件	开采方式	空间分布	有无高差	污染程度	处理对策
弱	复杂	150~400m	井工	有邻矿	有高差	严重污染	地下污水处理中心
弱	复杂	150~400m	井工	无邻矿	有高差	严重污染	地下污水处理中心
弱	复杂	>400m	井工	有邻矿	有高差	严重污染	地下污水处理中心
弱	复杂	>400m	井工	无邻矿	有高差	严重污染	地下污水处理中心
中等	简单	<150m	井工	有邻矿	有高差	严重污染	地下污水处理中心

将表 6-1 的数据集导入 Access 数据库，然后输入影响废弃矿山再利用方法的影响因素的等级，通过对数据库内部函数的应用，就可以获得对其再利用的方法。这样，本书就初步建成了废弃矿井水再利用方法的优选体系。

第四节　废弃矿井水利用优选方案模型构建

一、BP 神经网络算法

为了建立一个比较完善、效率高的废弃矿井水再利用方法优选体系，让计算机能够快速准确地根据输入的废弃矿山的数据做出反应并提出一个合理、科学的利用方法，需要让机器对我们所做的数据库进行学习，从而构建一个方便快捷的废弃矿井水再利用方法优选方法体系的模型。

机器学习从字面上可以看出就是让机器学习。但是机器是死的，是无法自己进行学习的，这就需要人类赋予其一系列的算法使其具有"学习"能力。一般来说，计算机想要得到某个结果，都是根据人类赋予它的一系列算法和指令一步一步往下进行直到得出结果。这个过程中的因果关系非常明确，只要人类的理解不出偏差、运行结果是可以准确预测的。但是机器学习与这种传统的方式并不一样，虽然仍是人类赋予计算机一系列指令和算法，但是计算机并不能通过这串指令得到最终的结果，因为这串指令并不是指导计算机得到结果的指令，而是让计算机得到"学习能力"的指令。在这串指令的基础上，计算机需要对我们输入的数据进一步地接受，并根据之前输入的指令赋予它的"学习能力"对数据进行学习，最终得出结果，而这个结果往往不是通过编程或者输入算法就可以得到的结果。因此，机器学习就是让计算机对数据进行"学习"然后利用数据自己得出结果，而不是像以前一样利用人的指令进行工作从而得到结果。在机器学习的背后，最关键的就是统计学的思想。它所推崇的"相关而非因果"的概念是机器学习的理论根基。在此基础上，计算机学习就可以解释为计算机通过利用人类赋予它的算法对输入的数据进行分析，然后得到一种模型的过程，其最终目的是得到一种可以预测未来数据的模型。通过机器学习，可以大大提高工作的效率与准确性，可以为废弃矿井再利用方法优选体系提供更为快速有效的工作系统。

机器学习的种类和方法有很多，在废弃矿井再利用方法优选体系中，我们采用 BP 算法来让机器进行"学习"。

BP 神经网络是 1986 年由 Rumelhart 和 McClelland 提出的[13]，是一种按照误差逆向传播算法训练的多层前馈神经网络，是目前应用最广泛的神经网络。

人工神经网络不需要事先确定好输入数据与输出结果之间的关系，而是通过多次数据与结果之间正向与反向的输入输出的练习和误差纠正来学习某种规则，即输入数据与输出结果之间的关系，以便于以后输入一个给定的数据时，计算机可以自动输出最接近期望值的结果。BP 神经网络是一种按误差反向传播(简称误差反传)训练的多层前馈网络[14]，其算法称为 BP 算法，它的基本思想是梯度下降法，主要是利用梯度搜索技术，目的是使计算机输出的结果与人们期望它输出的结果之间的误差均方差最小。

BP 算法是一种有监督式的学习算法[15]，其主要思想是：多次输入让计算机学习的几种样本，然后使用从结果到输入值的反向传播算法对他们之间的关系和规则的权值和偏差进行修改和纠正，使未来输出的结果尽可能地与期望值接近。当输出的结果的误差平方和小于允许的误差时，就可以认为训练结束，保存此时的权值和偏差。BP 算法包括正向传播和反向传播两个过程，一种是输入到输出的正向进行，其目的是计算输出结果与期望值之间的误差；另一种是从输出到输入的反向进行，其目的是调整权值和阈值来减小输出结果与期望值之间的误差。正向传播时，输入信号通过隐含层作用于输出节点，经过非线性变换，产生输出信号，若实际输出与期望输出不相符，则转入误差的反向传播过程[16]。误差的反向传播是将输出误差通过隐含层向输入层逐层反传，并将误差分摊给各层所有单元[17]，我们可以从每一层获得误差信号，然后根据误差信号对权值和阈值进行修改。通过调整输入节点与隐层节点的连接强度和隐层节点与输出节点的连接强度及阈值，误差沿梯度方向下降[18]，经过反复学习训练，确定与最小误差相对应的网络参数

（权值和阈值），训练即可停止[18]。经过一系列训练和误差修改后的神经网络已经具备了对相似样本输入数据的反应能力，可以对其进行自行处理并输出较为准确的结果。

BP 神经网络在输入层与输出层之间设置一层或者多层隐单元，虽然这些隐单元的设置与外界没有直接联系，但是这些隐单元能够影响输入与输出之间的关系，当它们发生改变的时候，相应的输入与输出之间的关系也会发生改变。每一层隐单元都可以设置若干个节点。BP 网络结构示意图如图 6-10 所示。

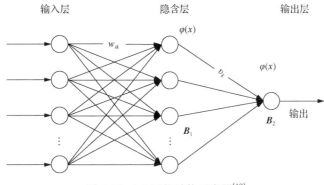

图 6-10　BP 网络结构示意图[19]

二、基于 BP 神经网络的废弃矿井水再利用方法优选体系模型的构建

从图 6-10 中可以看出，左边是输入层，从上到下依次将七种主要影响因素输入进去。在 BP 神经网络中，对于隐含层的传递函数，我们选择 tansig 函数。输出层的线性传递函数，我们选用 purelin 函数。对于阈值的学习函数，我们选用 learngdm 函数；B_1 为隐含层神经元阈值矩阵，B_2 为输出层神经元阈值矩阵[19]。

对神经网络进行训练时，样本数据信息先由输出层向输出层正向传播来检测误差，然后误差沿输出层向输入层逆向传播来调整权值和阈值。其中，初始信号 x_1, x_2, x_3, $\cdots$, x_n 为废弃矿山相关因子值，a 作为输入变量，废弃矿井再利用方法作为输出变量。而单组样本，输入变量与隐含层权值 w_{ik} 的乘积之和为隐含层神经元 k 的输入值[19]：

$$a_k = f_1(x_1, x_2, \cdots, x_n) = \sum_{i=1}^{n} w_{ik} x_i \tag{6-1}$$

隐含层的神经元节点处存在激活函数 $\varphi(x)=\text{tansig}(x)$，当隐含层神经元 k 的累积输入值大于阈值 B_1 时，经神经元激活映射后，神经元 k 的输出值 b_k 为

$$b_k = f_2(a_k) = \varphi\left(\sum_{i=1}^{n} w_{ik} x_i\right) \tag{6-2}$$

隐含层输出值与输出层权重 υ_k 成绩之和为输出层的输入值：

$$c = f_3(b_k) = \sum_{k=1}^{K} \upsilon_k \varphi\left(\sum_{i=1}^{n} w_{ik} x_i\right) \tag{6-3}$$

处于输出层的节点时，我们选用函数 $\varphi(x)=\text{purelin}(x)$ 对信号进行传递，在输出层神经元累积输入值大于阈值 B_2 时激活，输出层废弃矿井水利用方法预测输出值为

$$\hat{y} = f_4(c) = \phi\left[\sum_{k=1}^{K} \upsilon_k \varphi\left(\sum_{i=1}^{n} w_{ik}\right)\right] \tag{6-4}$$

采用 Pearson 相关系数评估再利用方法预测模型的准确性：

$$R(y, \hat{y}) = \min \frac{\text{Cov}(y, \hat{y})}{\sqrt{\text{Cov}(y, y)\text{Cov}(\hat{y}, \hat{y})}} \tag{6-5}$$

式中，y、$\hat{y}$ 分别为废弃矿井再利用方法结果与预测结果；$R(y, \hat{y}) \in [0,1]$，为废弃矿井再利用方法结果与预测结果相关系数，它的值越接近 1，表明模型预测精度越高；$\text{Cov}(y, \hat{y})$ 为废弃矿井再利用方法结果与预测结果的协方差；$\text{Cov}(y, y)$、$\text{Cov}(\hat{y}, \hat{y})$ 分别为再废弃矿井利用结果与预测结果的样本方差。

基于之前输入到 Access 数据库中的数据，选取其中的 150 组数据用来对 BP 神经网络进行训练，剩余数据用来验证 BP 神经网络预测结果的准确性，以废弃矿井再利用方法作为输出变量，其余七种主要影响因子为输入变量训练神经网络，其中，神经网络隐含层神经元数 $K=7$，最大迭代次数 150，学习率为 0.1，训练目标最小误差设置为 0.0001，基于 BP 神经网络预测的结果，废弃矿山再利用方法体系的精确度为 0.95，由此可以得出，我们已经建立了比较成熟的废弃矿井水再利用方法的优选体系。

参 考 文 献

[1] 杜新强, 李砚阁, 冶雪艳. 地下水库的概念、分类和分级问题研究. 地下空间与工程学报, 2008, 4(2): 209-214.

[2] 顾大钊. 能源"金三角"煤炭现代开采水资源及地表生态保护技术. 中国工程科学, 2013, 15(4): 102-107.

[3] 石卫, 董永超, 王明秋. 地下水库建设与水资源可持续利用. 科协论坛(下半月), 2011, (11): 125-126.

[4] 徐丽生, 仪明峰. 浅析城市污水处理厂环境影响及治理措施. 建筑工程技术与设计, 2017, (9): 1977.

[5] 温翔. 地下式污水处理厂的设计研究. 重庆: 重庆交通大学, 2014.

[6] 谢和平, 侯正猛, 高峰, 等. 煤矿井下抽水蓄能发电新技术: 原理、现状及展望. 煤炭学报, 2015, 40(5): 965-972.

[7] 王婷婷, 曹飞, 唐修波, 等. 利用矿洞建设抽水蓄能电站的技术可行性分析. 储能科学与技术, 2019, 8(1): 195-200.

[8] 刘峰, 李树志. 我国转型煤矿井下空间资源开发利用新方向探讨. 煤炭学报, 2017, 42(9): 2205-2213.

[9] 王松. 连续驱动摩擦焊接专家系统的研究. 哈尔滨: 东北林业大学, 2014.

[10] 孔维钰. 高职院校排课系统的设计与实现. 南京: 南京邮电大学, 2013.

[11] 侯文秀. 自动气象站数据监测及评估系统. 呼和浩特: 内蒙古大学, 2009.

[12] 薛中年. Excel 和 Access 软件功能比较. 商情, 2012, (4): 212.

[13] Rumehart D E, McClelland J L. Parallel Distributed Processing: Explorations in the Microstructure of Cognitions. Cambridge MA: MIT Press.

[14] 章治邦, 张学辉. 基于 BP 神经网络的区域森林植被覆盖率预测. 信息与电脑(理论版), 2017, (11): 53-54.

[15] 李森林, 邓小武. 基于二参数的 BP 神经网络算法改进与应用. 河北科技大学学报, 2010, 31(5): 447-450.

[16] 别海燕. 海域下煤层瓦斯赋存与涌出规律及防治对策研究. 青岛: 山东科技大学, 2009.

[17] 杨睿, 李惠军. 基于人工神经网络的纱线断裂伸长预测. 纺织科技进展, 2009, (3): 8-9, 12.

[18] 吴应兵, 赵永强, 高宏兵. 神经网络在潮流模拟中的研究. 中国勘察设计, 2009, (9): 44-46.

[19] 蒋定国, 全秀峰, 李飞, 等. 基于 BP 神经网络的水体叶绿素 a 浓度预测模型优化研究. 南水北调与水利科技, 2019, 17(2): 81-88.

第七章

我国废弃矿井水污染分区防治及资源化利用战略对策

第一节　矿井水污染的分区防治

一、我国矿井水污染现状

由第三章研究可知,我国矿井水大致划分为六种类型:常见组分矿井水、酸性矿井水、高矿化度矿井水、高硫酸盐矿井水、高氟矿井水及含特殊组分矿井水。因地域性差异,每个地区的矿井水污染类型不尽相同。而且不同煤田其矿井水化学类型差异很大,这种差异取决于不同矿区的水文地球化学条件,即使在同一煤田或井田,随着煤矿开采的延续,矿井水化学组成也有很大的变化。因此对于煤矿五大区(晋陕蒙宁甘区、华东区、东北区、华南区和新青区)的矿井水污染情况需要详尽调查。以下是国内调研情况。

1. 京西矿区煤矿集中关闭区

京西矿区煤矿集中关闭区位于北京市城区以西,东起万寿山,西至百花山西,北至斋堂,南至八宝山逆断裂带,东西长 45km,南北宽约 35km,总面积约 1300km²。矿区内山峦起伏,沟谷纵横,地形西北高东南低,山岭海拔标高在 1000m 以上,最高峰达 2035m,最低为 90m,主要河流有永定河及大石河,是本区工业及民用的主要水源。京西矿区煤炭总量约 57 亿 t,其中保有储量 23 亿 t,生产矿可采储量 3.8 亿 t。京西矿区煤层赋存于早侏罗世和石炭—二叠纪两套煤系中:①早侏罗世煤系的含煤地层称窑坡组,含煤 10 余层,主要可采 7～10 层。除京西矿区西北部皇城峪、黑土地、清水—清龙漳一带有少量烟煤外,全区煤种基本均为无烟煤。原煤灰分为 15%～20%,全硫<0.4%,发热量为 31.82～32.64MJ/kg。②石炭—二叠纪煤系含煤地层有下二叠统山西组及上石炭统太原组,前者含煤 1～3 层,可采 2 层;后者含煤 1～5 层,可采 2～3 层。

为了进一步保护地质环境和地下水资源,进行经济转型,北京市逐步关停了一大批矿山。调查表明,2004 年北京市各类矿山共计 1661 个,其中大型矿山 11 个,中型矿山 38 个,小型矿山 1612 个。截至 2009 年 9 月,全市共有生产矿山企业 120 个,相比 2000 年减少了近 93%。其中大型矿山企业 7 个,中型矿山企业 22 个,小型矿山企业 91 个;北京市矿山企业经济类型以集体为主,共 55 个,占全部矿山数的 45.8%;另外,国有经济类型矿山企业为 11 个，个体矿山 41 个，合资类矿山企业 2 个，其他类矿山企业 11 个。2020 年以前，京西地区的所有小煤矿和 4 个大型煤矿都已全部关闭，京西矿区将进入了"后煤矿"时代。这些关停的煤矿坑道，其存储的酸性老空水成了京西岩溶水系统的"定时炸弹"，由于其地处岩溶水的补给区，对北京市的供水安全构成了巨大威胁。

北京市水文地质工程地质大队对北京市西山门头沟煤矿的老空水做过比较详细的评价研究，该矿具有 100 多年的开采历史，以开采侏罗系窑坡组煤层为主，其最低开采水平为–660m，该矿于 2000 年闭坑，到 2008 年矿坑水水位已上升至–5m，总的矿坑水蓄积量达到 2370 万 m^3。水质分析结果：TDS 含量为 1460mg/L、$\rho(SO_4^{2-})$ 为 482mg/L。

北京市门头沟区杨坨矿曾多次发生下伏岩溶水突水事故。这与岩溶水有密切联系，该矿闭坑后的原坑道系统在一定程度上成为岩溶水循环通道，同时污染岩溶水，据附近岩溶水质后期三次分析，SO_4^{2-} 含量分别为 196mg/L、237.4mg/L、301.9mg/L。

自 2010 年开始，北京市发展和改革委员会投资 1.77 亿元开展了"北京岩溶水资源勘查评价工程"项目，进行了全区岩溶地下水资源的系统调查和采样工作，结果表明，岩溶地下水多处出现硬度、TDS、SO_4^{2-}、Cl^- 大幅上升，山前隐伏区的岩溶水水源地已经出现了 V 类地下水。因此矿坑内的老空水成了拟建水源地必须考虑的因素，是影响整个地下水资源开采工程造价和是否可行的主控因素。

2. 邢台矿区煤矿集中关闭区

邢台矿区地处邢台市中南部，地理坐标为 114°12′E～114°58′E，36°47′N～37°38′N。矿区规划范围总面积为 910km²。分布在邢台市区及内丘县、邢台县、沙河市和隆尧县境内。矿区地处太行山山前丘陵区与华北大平原交界处，地势西高东低。矿区大部为平原，西南小部分区域以丘陵为主。京广铁路自南向北贯穿矿区。铁路以西主要为山前冲洪积平原，向东至溢阳河以西为冲积平原。

矿区大部分位于邯邢水文地质单元中的百泉汇水单元，煤系以下含水层分布在山前丘陵及平原下部，煤系及煤系上覆基岩含水层分布在各断陷盆地附近，第四系含水层分布在广大平原区。主要含水层自下而上有煤系基底奥陶系灰岩、煤系下部的大青灰岩和本溪灰岩、煤系中上部的伏青灰岩、野青灰岩及山西组大煤顶板砂岩、煤系上覆地层的上下石盒子组砂岩、第四系下更新统冰水沉积砾石层和冲洪积沙层，各含水层之间均有良好的隔水层，在无构造破坏的情况下，无水力联系。

邢台矿区煤炭资源储量相对较多，但矿区经过几十年的规模开发，随着各生产矿井开采范围及规模的扩大，原有赋存条件较好的煤层已基本开采完毕，已经面临经济可采煤炭资源量不足的问题，平均服务年限已不足 20 年。为了进一步保护地质环境和地下水资源，邢台市针对煤矿山企业进行了一系列整合，煤矿数量由 2005 年底的 179 家减少到 2011 年的 108 家，其中国有矿山 9 座，其他矿山 99 座，根据《邢台市矿产资源总体规划(2011—2015 年)》，随着采矿证的逐渐到期，非国有的 99 座矿山将逐次关闭，不再进行采矿证延续手续，较短时期内邢台市煤矿数量将下降到 9 座。

邢台市矿山排水污染和煤矸石露天堆放，导致邢台市岩溶水多处出现污染现象，且污染范围不断扩大，严重威胁邢台市水源地的供水安全。目前，邯邢西部绝大部分岩溶泉已断流，矿山开采破坏疏干是重要原因之一。2009 年，河北省政府批准了《邢台市水生态系统保护与修复试点工作实施方案》，总投资 17.52 亿元，经过 4 年多的工作，百泉泉域部分泉水得到了初步恢复，但地下水位上升导致大量关闭矿山采空区淹没，形成的污染矿井水给整个泉域系统地下水安全带了前所未有的风险威胁，亟须进行关闭矿山地下水环境调查、评价等数据及技术的支撑。

3. 峰峰矿区煤矿集中关闭区

峰峰矿区是冀中能源重要矿区之一，位于河北省南部，太行山东麓，地处晋、冀、豫三省交界地带，区域范围为 $36°20'N \sim 36°34'N$，$114°3'E \sim 114°16'E$。

峰峰矿区煤炭储量约为 21.2 亿 t，经过多年的开采，煤炭储量逐步减少，实际可开采储量只剩余 1.7 亿 t。同时，由于资源枯竭，区域内原有的 400 多个地方煤矿也已全部关闭。截至 2020 年 4 月，峰峰集团在河北省内仅剩 8 个国有大矿在维系生产，资源也面临枯竭。

根据调查，相对煤矿开采前，目前的矿区岩溶水含有较高的 Na^+、K^+、Mg^{2+}、SO_4^{2-} 和矿化度值；水化学类型、补给来源和水动力特征明显呈复杂化和多样化；水质明显恶化，人为污染突出，部分岩溶水的 SO_4^{2-} 含量很高，已濒近海水特征，呈现局部严重的人为污染态势；原有的水流系统遭到破坏，由复杂化的水流系统演变成单一水流系统，强径流带已消失，中等径流带和弱径流带发育；水流速率明显变慢，水力梯度加大，逐渐向高 SO_4^{2-}、高矿化度的区域地下水水流系统方向演变；矿物溶解能力增强，增加了更多白云岩矿物的溶解；重金属元素检出率和检出浓度也明显增多；岩溶水与各含水层之间的水力联系增大。含水层结构遭到严重破坏，开始接受煤系基岩水、孔隙水和河水的反向补给。

随着煤矿山的大量集中关闭，地下水位开始抬升，大量关闭矿山采空区淹没，形成的污染矿井水给整个黑龙洞泉域系统地下水安全带了前所未有的风险和威胁，直接影响到邯郸市的供水安全，亟须进行关闭矿山地下水环境调查、评价，为区域可持续发展提供相关数据及技术的支撑。

4. 山西煤矿集中关闭区

山西是我国重要的煤炭基地，煤矿开采历史悠久，据山西统计资料记载，民国二十三年(1934 年)，全省 64 个产煤县有大小煤窑 1425 处。1949 年中华人民共和国成立后，全省煤矿总数为 3671 处，其中中央直属企业 3 处，有矿井 8 对，地方国营煤矿 48 个，私营煤矿 3620 个。1950～1990 年，经过 40 年的改造、建设，山西煤矿发展变化很大，至 1990 年底，全省共有大小煤矿 6109 处。其中统配煤矿 9 个、公司 44 个，有 56 对矿井、地方国营煤矿 287 个、集体和个体煤矿 5769 个。自 21 世纪初，山西经过多次关小上大、资源整合、兼并重组等工作，截至 2015 年 11 月底，山西共有煤矿 1078 座，煤炭总产能达 14.61 亿 t。其中，已经形成生产能力的煤矿 638 座，产能为 10.13 亿 t；各类建设煤矿 440 座，产能为 4.48 亿 t。

山西含煤面积达 6.2 万 km^2，占全省行政区面积约 40.0%，分布六大煤田、十二个煤矿集采区。六大煤田分别为大同煤田、宁武煤田、河东煤田、西山煤田、霍西煤田、沁水煤田，十二大集采区分别为大同集采区、平朔集采区、轩岗集采区、河保偏集采区、离柳集采区、太原东西山集采区、阳泉集采区、汾西集采区、乡宁集采区、霍东集采区、长治集采区、晋城集采区。据 2013 年山西省地质环境监测中心完成的《2012—2013 年山西省矿山地质环境调查与评估报告》资料，截至 2013 年底，全省因采煤造成的采空区面积约 4800km^2。

当前,为进一步化解煤炭行业过剩产能、推动煤炭企业实现脱困发展,山西省政府决定,"十三五"期间,将通过"五个一批"措施,有效压减过剩煤炭产能。即依法淘汰关闭一批"僵尸煤矿"、资源枯竭煤矿等;行业重组整合一批优质煤矿;退出一批"减量置换"煤矿;依规核减一批煤与瓦斯突出矿井和灾害严重矿井;搁置延缓一批不具重组整合条件的煤矿。预计化解 4 亿~5 亿 t 过剩产能,力争将煤炭产能控制在 10 亿 t 以内。因此,在未来几年,关闭矿井将越来越多,关闭矿井带来的地下水环境问题将日益突出。

5. 阳泉煤矿集中关闭区

阳泉煤矿集中关闭区位于沁水煤田东北部,太行山中段西侧,地跨晋中市榆次区、寿阳县、昔阳县、和顺县、左权县,阳泉市盂县、平定县,面积约 5375.24km^2。主要开采煤层为太原组 8 号、9 号、11 号、12 号、14 号、15 号煤层和山西组 3 号、4 号、6 号煤层。矿区共有矿山 112 座,面积约 1507.29km^2,全区矿山产能 13051 万 t/a。112 座矿山占用煤炭资源储量 1465710.2 万 t,保有储量为 1218843.3 万 t,消耗 246866.9 万 t。区内开采对象主要为山西组 3 号煤层和太原组 9 号、15 号煤层。占用保有资源储量 39.72%,未占用 52.29%,消耗 7.99%。采空区主要分布在矿区东部和北部。

目前,阳泉矿区已出现采空积水对地下水的污染现象。山底河流域内曾有 28 座煤矿(含 3 座露天煤矿),后经过煤矿整合,仅保留跃进煤矿、燕煤集团、牵牛山煤矿、固庄煤矿、荫营矿及阳煤集团一矿 6 座煤矿开采。到 2009 年前后,闭坑老空水蓄满采空区,从煤系地层最低处山底村出流地表,并很快进入下游碳酸盐岩渗漏区。2013 年 5 月 2 日对老空水进行取样分析,矿化度为 8274mg/L、总硬度为 4870mg/L、SO$_4^{2-}$ 为 5781mg/L、pH 为 3.51,这些老空水向下游进入碳酸盐岩区后大量漏失,2014 年 5 月实测流量 6512m^3/d,进入下游碳酸盐岩渗漏段 1.8km 后,渗漏补给深层岩溶水的量 3997m^3/d,漏失率达到 61.4%。这部分进入深层岩溶含水层的渗漏量最终由娘子关泉水排出。

中国地质科学院岩溶地质研究所对山底河煤矿老空水的水质、水量进行了一年多的系统监测,其结果如下所述。

逐日实测平均流量达到 5075m^3/d;矿化度平均在 4000mg/L 以上,最大达到 8946mg/L，水质评价有 pH、HB、TDS、SO_4^{2-}、总铁、Mn、Zn、Co、$NH_3\text{-}N$、Cr^{6+}、Ni 共十一项超标(按照国家饮用水标准，SO_4^{2-} 超标 15.73 倍、总铁超标 2891 倍，Mn 超标 385.3 倍、Cr^{6+} 超标 16.64 倍)。

山底河煤矿老空水出流后约 800m 进入娘子关泉域碳酸盐岩渗漏段，2014 年 5 月实测流量为 6512m³/d，流经下游碳酸盐岩渗漏段 1.8km 后(山底河进入温河娘子关泉域岩溶水重点保护区交汇处)，渗漏进入深层岩溶水的水量为 3997m³/d，漏失率达到 61.4%。

2013 年分析河底村两眼深层岩溶井，老井 SO_4^{2-} 含量 1250mg/L(1990 年成井时为 494mg/L)，新井 1670mg/L，均超出国家饮用水标准 4 倍以上，而且水质组分含量呈现增长趋势(图 7-1)。

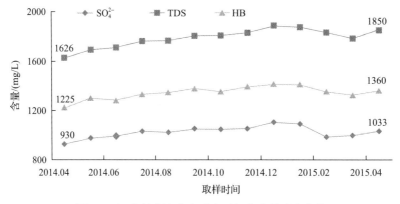

图 7-1 河底村岩溶井水质主要组分含量动态曲线

6. 太原东西山煤矿集中关闭区

太原东西山煤矿集中关闭区地跨太原市晋源区、万柏林区、尖草坪区、古交市、清徐县和吕梁市的交城县、文水县，面积约 2046km²。主要开采煤层为山西组 2 号、3 号、4 号煤层和太原组 6 号、8 号、9 号煤层。该矿区共有矿山 66 座，面积约 906.37km²，矿山产能 7251 万 t/a。截至 2015 年底，66 座矿山占用煤炭资源储量 1147083.6 万 t，保有储量 1000808.6 万 t，消耗 146275.0 万 t。占用保有资源储量 50.61%，未占用 41.55%，消耗 7.84%。本区煤炭资源开发利用历史较长，太原、古交一带大部已开发，采空区主要分布于东部和晋源市、古交市一带。

目前，关闭矿井对地下水环境造成的污染已经凸显。位于太原集采区的原晋祠镇晋丰功煤矿在 2009 年煤炭企业兼并重组时关闭停采，虽然井口封闭铲平，但由于开采历史悠久，常年积水形成的老空水充满采空区，老空水在晋祠镇下石村一带沿沟谷底部砂页岩裂隙渗出地表。

这些老空水长期贮存于封闭状态的井下采空区内，水循环交替缓慢，在强烈的氧化条件下往往形成具有特殊化学成分的老空水，相关研究资料表明，其多以酸性水为主，pH 在 3～5，外排后对周边地表水、地下水、生态环境造成了严重污染和破坏。

7. 黄淮平原煤矿集中关闭区

黄淮平原煤矿集中关闭区地处苏鲁豫皖交接地区，区内人口密集，部分地区经济落后，第四系地下水、奥灰含水层作为当地的主要供水含水层，在关闭矿井水位恢复后，部分地区已经发生了地下水污染事件，因此结合我国能源发展规划、煤炭开发布局及地区水资源开发和经济发展条件，对该区的关闭矿井地下水环境进行调查评价具有重要的现实意义。

黄淮平原煤矿集中关闭煤矿区主要包括鲁西基地的淄博、枣滕、兖州、济宁、肥城、龙口等大部分老矿区，两淮煤炭基地的淮北矿区及江苏的徐州矿区。

鲁西煤炭基地是我国十四个大型煤炭基地之一，有着悠久的开采历史。在鲁西基地中淄博和枣滕煤田关闭矿井诱发的地下水环境污染非常典型。以淄博煤田为例，该矿区煤矿开采历史悠久，在相当长的时期内，煤炭开采是淄博市的支柱产业之一。淄博煤田煤炭资源主要分布于博山、淄川、张店等地，煤层主要赋存于石炭—二叠系地层中(侏罗系部分层段亦含煤)。经过长期的开采，淄博煤田已进入衰老期，境内矿山相继闭坑。同时国有煤矿的闭坑导致地下水位的大幅度上升，造成淄川、博山两区大部分乡镇、民采矿井因无力承担巨额排水费用而关闭。煤矿闭坑后停排矿坑水，改变了地下水系统的原有状态，对地下水水动力场和水化学场产生了深刻影响，并引起了地下水串层污染。

淄博矿务局洪山、寨里矿区地下水类型分为第四系松散层孔隙水、石炭—二叠系砂岩裂隙水及隐伏于其下的奥陶系灰岩裂隙岩溶水。自然状态下，不同类型的地下水均独自存贮，拥有独立的运移空间，互不连通，相互独立。但人为因素(如煤矿开采、井孔钻探等)和自然因素(如地震等)可导致不同类型的地下水串层。特别是在煤矿闭坑以后，大量的老空水无法排泄，水位迅速抬升，又由于矿区居民生活需要大量抽取奥灰水，奥灰水位大幅度下降，回弹水位与奥灰水位差增大，老空水通过各种途径补给奥灰水，造成串层污染。例如，洪山矿 1995 年雨季前停止排水后，矿坑水以 0.35m/d 的速度回升，水位由-200m 回升到+35m 左右，高出奥灰水位 10~20m，2003 年回升到+68m 左右。造成地下水污染面积 49.2km^2，33 眼饮水井水质变坏，7 万人的生活用水受影响。约 40 眼地方小煤矿被淹。洪山矿区串层污染较重区域位于淄川区罗村镇驻地一带，呈北东-南西向带状展布，面积达 4.68km^2。

徐州矿区作为苏北典型老矿区，连接鲁西和两淮煤炭基地。由于资源已基本枯竭，目前已有多个矿井闭坑。贾汪矿区为徐州地区开采历史最悠久的矿区，历经一个多世纪的开采，包括大黄山矿、董庄矿、韩桥矿、夏桥矿、青山泉矿等已经关闭，贾汪地区的主要含水层为第四系孔隙含水层、下二叠统砂岩裂隙水含水层(组)、石炭系太原组石灰岩溶隙水含水层、中石炭统本溪组石灰岩含水层、奥陶系石灰岩岩溶含水层。2010 年 2 月 6 日，徐州市旗山煤矿发生重大突水灾害，其突水原因是夏桥煤矿、韩桥煤矿关闭后，水位上升，水头压力增大，废弃矿井水通过老矿区裂隙突入旗山煤矿，为了保证煤矿安全，每天从废弃煤矿和旗山煤矿中抽出矿井水逾 20 万 m^3，其中铁离子高达 500mg/L，锰离子高达 30mg/L，导致周边主要河道中铁锰浓度超出地表水质标准近 200 倍，受污染水体总量近 1000 万 m^3，不仅严重影响周边 30 万群众的生活和生产，还直接威胁大运河这一重要饮用水源地的安全。

新河矿是徐州矿区的另一处老矿，自 20 世纪 60 年代开始进行地下开采，1998 年 6 月开始向新河水厂供水，后因矿井枯竭，2004 年停止采煤，但供水一直没有停止。新河矿自 1983 年开拓太原组煤系以来，先后在-58m、-260m 两个水平掘穿层石门及部分大巷，其中-110m 水平新、老石门处及清水泵房内共施工 17 个钻孔，进行疏放水，至 1989 年全矿涌水量达到 3210m^3/min。根据徐州矿务局"七五"防治水规划，进行水文地质补勘试验，证实了太原组灰岩含水层与奥陶系灰岩含水层有水力联系，并判别出太灰水总水量中奥灰水约占 80%，为此，实施封堵奥灰水补给太原组灰岩通道注浆堵水工程。新河煤矿自 2009 年 6 月 29 日停止排水，到 2010 年 1 月 10 日水位上涨至-104m 时，从井筒中开始试排水，同时对水质进行检测，发现总大肠菌群与浑浊度超标。

二、我国矿井水分区

通过第三章对于矿井水污染情况的研究,除了都具有常见组分矿井水以外,五大区的矿井水污染情况不尽相同,具体研究情况如下所述。

1. 晋陕蒙宁甘区——重点开发区

晋陕蒙宁甘区煤炭资源具有三大优势:数量多、质量好、条件优,是我国煤炭资源的富集区、主要生产区和调出区。该区查明煤炭资源量8947.74亿t,其中绿色煤炭资源量3697.61亿t,绿色资源量指数达0.57,占全国绿色资源量的73.2%。资源禀赋优异,有利于采用大型煤机装备实现精准开采,煤矿生产工艺和技术装备比较先进,采煤、掘进机械化程度分别到达95%、84%。晋陕蒙宁甘地区位于"井"字形的分布格局中心,地理空间也处于有利位置。2014年该区产能为32.87亿t;2015年产量为26.1亿t。布局思路为当前至2050年保持既有开发规模和强度,区域煤炭以调出为主,满足国内市场需要。2020年该区产能将压缩为32亿t;2030年产能约为30.6亿t,2050年保持为26.1亿t。

晋陕蒙宁甘区以高矿化度矿井水,高铁、锰矿井水,高氟矿井水为主。

2. 华东区——限制开采区

华东区多为平原地区,是我国的粮食生产基地和工业基地,地面城镇建筑多,交通设施发达。华东区查明煤炭资源量1191.35亿t,其中绿色煤炭资源量418.32亿t,绿色资源量指数为0.44。由于近几十年来的大规模开采,华东地区的浅部煤炭资源已近枯竭,煤炭开采逐渐向深部延伸,许多大型矿区的开采或开拓延伸深度目前均已超过800m,部分矿井甚至超过1000m。根据2015年的统计,我国采深超过800m的深部煤矿集中分布在华东、华北地区的江苏、河南、山东、黑龙江、吉林、辽宁、安徽、河北八个省份,现有深部矿井111对,其中华东区占82对。深部巷道地应力高、采动影响强烈,围岩大变形、持续流变,冲击地压、煤与瓦斯突出等动力现象频发。2014年该区产能为7.65亿t;2015年产量为5.76亿t。该区煤炭资源精准开发布局思路为限制煤炭资源开采强度,以供应本地为主,同时承接晋陕蒙宁甘区的调出资源。2020年该区产能将控制为5.2亿t;2030年产能将压缩为3.7亿t,2050年则保留为2.2亿t。

华东区以酸性矿井水，高矿化度矿井水，高硫酸盐矿井水，高铁、锰矿井水为主。

3. 东北区——收缩退出区

东北地区经过一个多世纪的高强度开采，现保有煤炭资源赋存条件普遍较差，开采深度大，很多矿井瓦斯、水、自然发火、冲击地压等多种灾害并存，治理难度大。该区绿色煤炭资源量仅为 46.1 亿 t，绿色资源量指数仅为 0.21，仅占全国绿色资源量的 0.9%。从市场供应主体来讲，东北地区煤炭市场供应主体除了本地煤炭企业外，还有来自内蒙古自治区东部、俄罗斯远东地区、朝鲜等外部市场的优质煤炭；从市场需求主体来讲，东北地区过去产业以重工业为主，煤炭消耗量大，在经济放缓的大背景下，粗放式经济结构正谋求产业转型，对煤炭需求量必然降低。2014 年该区产量为 2.65 亿 t，2015 年产量为 1.65 亿 t。东北地区实行煤炭开发布局调整迫在眉睫，其调整思路为大幅降低东北地区煤炭资源开采强度，逐步退出煤炭生产。2020 年该区产能压缩为 0.8 亿 t；2030 年产能压缩为 0.6 亿 t，2050 年彻底退出煤炭产业。

东北区以高铁离子矿井水与高矿化度矿井水为主。

4. 华南区——限制开采区

华南区保有资源量 1115.52 亿 t，绝大多数分布于川东、贵州和滇东地区，该区绿色煤炭资源量为 253.15 亿 t，绿色资源量指数仅为 0.31，仅占全国绿色资源量的 5%。该区煤炭资源赋存条件普遍较差，尽管经过多年的整顿关闭，小煤矿仍然较多，但绝大多数矿井无法达到安全生产机械化开采程度的要求。2014 年该区产能为 6.8 亿 t，2015 年产量为 1.85 亿 t。由于该地区严重缺煤，为煤炭资源净输入地区，其煤炭开发布局的调整思路为限制煤炭资源开采强度，保留部分产能供给当地。2020 年该区产能将压缩为 4.4 亿 t；2030 年产能将压缩为 2.9 亿 t，2050 年将保留产能 1.5 亿 t。

华南区以酸性矿井水，高矿化度矿井水，高硫酸盐矿井水，高铁、锰矿井水为主。

5. 新青区——资源储备区

新青区煤炭资源较为丰富，该区煤炭资源保有量 2517.38 亿 t，绝大多数煤炭资源分布在北疆地区，北疆煤炭保有量 2097.85 亿 t，占该区煤炭资源保有量的 83.33%。该区绿色煤炭资源量为 633.77 亿 t，绿色资源量指数为 0.55，占全国绿色资源量的 12.6%。在"十二五"期间，新疆被确定为我国第 14 个集煤炭、煤电、煤化工为一体的大型综合化煤炭基地。新疆地区的准东、三塘湖、淖毛湖、大南湖、沙尔湖、野马泉等大煤田多为巨厚煤层赋存条件，青海地区煤田多赋存于青藏高原冻土环境，部分煤田还和三江源、湿地等保护区重叠，目前，新青地区煤田缺乏成熟的技术予以开发。2014 年该区产能为 3.8 亿 t，2015 年产量为 1.44 亿 t。新青区当地工业基础薄弱，煤炭资源就地利用难度大，外运时运输距离长、成本高，在目前我国煤炭产能已经过剩的背景下，可暂缓开发新青煤田。其开发布局的思路为当前至 2030 年施行限制开采强度，到 2050 年可作为华东区的资源接续区，实现规模化开采。2020 年该区产能压缩为 1.6 亿 t；2030 年产能增加为 3.2 亿 t，2050 年产能达到 4.2 亿 t。

新青区以高矿化度矿井水、高硫酸盐矿井水为主。

第二节　矿井水资源化利用战略政策建议

1）完善政策法规，拓宽融资渠道

实施废弃矿井水资源化利用激励政策，研究制定相关产业政策、财税政策和其他扶持政策，并完善相关法律。积极支持废弃矿井水利用技术的研发及工程项目建设。对于参与废弃矿井水开发利用的企业予以税收优惠。

2）健全标准体系

研究建立废弃矿井水利用标准体系和监督管理体系，研究制定废弃矿井水利用技术标准和管理规范，规范废弃矿井水利用工程设计和生产过程，加强生产过程和出水质量的监管，使废弃矿井水利用规范有序。

3）统筹规划

将废弃矿井水利用纳入矿区发展的总体规划中，对矿区内地下水资源进行评估，在矿井的规划设计阶段，将井下排水作为水资源来开发利用，把废弃矿井水的综合利用作为解决矿区缺水问题的重要措施。坚持走以市场为导向、企业为主体的道路，加强宏观调控和政策引导。